Matthias Röcke

Autos, die noch Typen waren

TRABANT

ALLE MODELLE

Impressum

HEEL Verlag GmbH
Gut Pottscheidt
53639 Königswinter
Telefon 0 22 23 / 92 30-0
Telefax 0 22 23 / 92 30 26
Mail: info@heel-verlag.de
Internet: www.heel-verlag.de

Verantwortlich für den Inhalt:
Matthias Röcke

Lektorat:
Joachim Hack
Jürgen Schlegelmilch

Fotonachweis:
Titelbild: AUTOStraßenverkehr / Motor Presse Stuttgart

Satz und Layout:
Bettina Scholten, Bonn

Printed in Slovakia

ISBN: 978-3-86852-372-0

Matthias Röcke

Autos, die noch Typen waren

TRABANT

ALLE MODELLE

HEEL

Für alles ist gesorgt, die sonntägliche Ausfahrt kann beginnen … Der Trabant hat für viele DDR-Bürger den Traum der individuellen Mobilität wahr gemacht, auch wenn an den rar gesäten Tankstellen nur selten so wenig Betrieb geherrscht haben dürfte wie auf dem Prospektbild.

MINOL

Inhalt

BS 53-82
AE 40-33

Vorwort

Wenn für ein Auto zum Zeitpunkt der Produktionseinstellung noch lange nicht Schluss ist, dann handelt es sich um einen echten Typ, um ein Fahrzeug und um ganze Baureihen, an die man sich nach Jahren und Jahrzehnten noch gern erinnert. Auf Sachsenring Trabant trifft das zu wie kaum auf eine andere Marke, denn was rund um diese Autos nach dem endgültigen Stopp der Montagebänder im April 1991 noch geschehen ist, hat sie mit zur echten Legende gemacht. Der Trabant hatte nämlich zwei Leben. Zum einen das Leben als Produkt sozialistischer Planwirtschaft mit der verhängnisvollen Konsequenz, viel zu lange als veraltetes Fahrzeug produziert worden zu sein, zum Anderen ein Leben als Kultfahrzeug ehemaliger DDR-Bürger, die sich nach der Deutschen Vereinigung positiv an ihren treuen „Begleiter" (Trabant) erinnerten und sich ihm neu zuwandten. Teils belächelt, teils bewundert wird dem Trabant seitdem gehuldigt, auf den legendären großen Treffen in Zwickau, in vielen, auch in Westdeutschland vertretenen Trabi-Clubs, im Film „Go Trabi go" (1992), in Internetforen und auf dem Büchermarkt. Der Trabant lebt bis heute: 20 Jahre nach Produktionseinstellung waren Ende 2010 in der Bundesrepublik noch 33.726 Fahrzeuge offiziell zugelassen bei einer Gesamtzahl von 3.096.099 produzierten Einheiten.

Solche zwei Leben gelingen nur bei stark prägenden Eigenschaften und einer wechselvollen Geschichte. Begonnen hat der Trabant 1957 als hochaktueller Kleinwagen, aber schon der Typ 601 von 1964 befindet sich nicht mehr auf der Höhe der Zeit und verliert schnell den Anschluss an den Stand der Technik. Die Parallele zum Volkswagen Käfer in der alten Bundesrepublik liegt nahe, allerdings mit dem Unterschied, dass das Volkswagenwerk innovativer hätte sein können – dem Werk in Zwickau bleibt dies durch politische Direktiven untersagt. Weiterentwicklung in dutzenden kleinen Schritten, sprichwörtliche Strapazierfähigkeit und Zuverlässigkeit sowie einfach gehaltene Technik mit der Chance zur Selbstreparatur prägen die Trabant-Typen dreier Generationen positiv.

Zur Legende haben den Trabant schon die Erfahrungen der Nutzer im ersten Leben gemacht. Wenn der Trabi den Pkw-Anhänger voll mit Sand zum Bau der Datsche geschleppt oder den Abenteuerurlaub nach Bulgarien bewältigt hatte, wenn er die Kleinfamilie wie eigentlich immer sicher ans Ziel gebracht hatte, zeigte er seine Zuverlässigkeit, und das haben ihm die Trabant-Freunde von heute nicht vergessen.

Warum es so und nicht anders lief in der DDR, belegen die Daten mit Bezug zur Zeit, die in diesem Buch das Autothema ergänzen. Es macht Entscheidungen und Entwicklungen verständlicher, wenn man die Zeitumstände kennt.

Meine Arbeiten zum Thema Trabant – auch schon in „Trabi Story" aus dem Jahre 2004 – haben stets konstruktive und freundschaftliche Unterstützung aus dem Umfeld des früheren Werkes und der Szene erfahren, wofür ich sehr dankbar bin. All das hat neben anderen Quellen das Bild geschaffen von Autos, die noch Typen waren, eben vom Trabant.

Der Autor

Kapitel 1

Prototyp und Zwischenlösung
Die Vorläufer

Schon die ersten Schritte sind mühsam: Die Eckdaten des künftigen Kleinwagens der DDR kommen nicht aus der Entwicklungsabteilung des zur Produktion vorgesehenen Automobilwerkes Zwickau, sondern vom Ministerrat der DDR (und der hat in der Regel seine Direktiven vom Politbüro der SED erhalten). Zwar zeigt der erste Schritt in die richtige Richtung, er ist aber wesentlich zu kurz angelegt. Dass ein Kleinwagen den Mangel an Autos in der DDR am ehesten würde beheben können, steht außer Zweifel im Jahre 1954. Aber es sollte doch, darauf besteht das Werk, ein „richtiger" Kleinwagen werden und nicht dieser nach den Vorstellungen der Politik:

- Viersitziger Kleinwagen mit zwei Haupt- und zwei Nebensitzen
- Gewicht des fahrfertigen Wagens maximal 600 kg
- Kraftstoffverbrauch 5,5 Liter/100 km
- Jahresproduktion 12.000 Stück
- Preis 4000 Mark ab Werk

Auch wenn man den ersten Prototyp nett ins Bild rückt, kann er nicht überzeugen. Die Dame verdeckt elegant die engen Platzverhältnisse auf der Rückbank.
Foto: Sammlung Dr. Winfried Sonntag

Besser nutzbar als die Limousine wäre der Kombi gewesen – er nimmt im Erscheinungsbild ein wenig den späteren P 70 vorweg. Foto: Sammlung Dr. Winfried Sonntag

Außerdem legt das Eckpunktepapier die Verwendung von Kunststoff für die Karosserie fest und hält eine Entwicklungszeit von 18 Monaten für angemessen.

Dass es mehr als vier Jahre dauern sollte, bis der im Ministerratsbeschluss schon so bezeichnete „Personenwagen 50“ (die 50 weist auf 500 cm^3 Hubraum hin) erscheint, liegt in den sehr speziellen Strukturen des Automobilbaus in der jungen DDR. Die Vereinigung Volkseigener Betriebe (VVB) Automobilbau ist zu jener Zeit als Koordinierungsebene gegenüber den nicht selbständigen Fertigungsbetrieben installiert und steht einer zügigen Entwicklung im Wege. Die VVB ist direkt der im Ministerium für Maschinenbau angesiedelten Hauptverwaltung Automobilbau unterstellt. Und zum VVB gehört das zentrale Forschungs- und Entwicklungswerk (FEW) in Chemnitz. Das FEW, mit der Koordinierung des Projektes P 50 beauftragt, stellt den allerersten Trabant-Prototyp auf die Räder unter genauer Beachtung der Eckdaten aus dem Ministerrat. Das Automobilwerk Zwickau, als der ausersehene Produktionsbetrieb, will aber die bessere Lösung. Vor allem die Idee, hinten nur zwei Notsitze (vornehmerweise „Nebensitze“ genannt) vorzusehen, stößt auf Missfallen. Die Terminplanung hält man in Zwickau auch nicht für realistisch, hinzu kommt für alle Beteiligten, dass die Planungs- und Entwicklungsphase von immer neuen Stückzahlvorgaben und von Gerangel um Fördermittel begleitet ist.

Der allererste P 50, der als „Ur-Trabant“ in die Geschichte eingegangene Prototyp des FEW aus dem Jahre 1954, tritt auf wie ein böses Omen für das ganze Projekt: Unförmig in der Gestaltung, zu klein in seinen Maßen und auf der Rückbank, wie in den Eckdaten verlangt, tatsächlich nur Platz für zwei Kinder. Anfangs hat man sogar die Idee verfolgt, mit Front- und Heckscheiben identischer Größe Kosten zu sparen. Zudem ist die Verwirklichung der Kunststoffbeplankung noch nicht

Trotz aller Improvisation während seiner Entwicklung hat sich der P 70 in der Praxis durchaus bewährt. Er vereinigt alte DKW-Technik mit der neuen Karosseriestruktur und erfüllt die in ihn gesetzten Erwartungen.
Foto: Archiv Automobilmuseum Zwickau

zu Ende gebracht, die Karosserie des Prototyps weist einen zu hohen Blechanteil auf.

Die Skepsis der Zwickauer bestätigt sich schnell, der Prototyp kann so nicht verwendet werden. Das bezieht sich allerdings nur auf Karosserie und Maße. Fahrwerk und Motor entsprechen bereits weitgehend der späteren Lösung. Im Zwickauer Werk ist man in dieser verfahrenen Situation froh, zunächst einmal auf die früher schon angedachte und auch konkret durchgespielte Idee eines kunststoffbeplankten IFA F8 zurückgreifen und so den Stillstand überwinden zu können. Der F8 hat die Personenwagenproduktion nach 1945 in Zwickau eingeleitet als Weiterbau des DKW F8 aus der Vorkriegszeit. Sein Sperrholzaufbau mit Kunstlederbespannung und sein Erscheinungsbild überhaupt sind inzwischen nicht mehr zeitgemäß, die solide DKW-Technik des Zweitakt-Zweizylinders mit 20 PS aus knapp 700 cm³ Hubraum, dem obligatorischen Frontantrieb und dem Kastenprofilrahmen aber noch für einige Zeit brauchbar. Das Projekt F8 K (K für Kunststoff) erhält im Oktober 1954 grünes Licht und löste als P 70 (70 für 700 cm³) schon im Juli des kommenden Jahres den F8 ab.

Der P 70 Kombi hält, was seine äußere Form verspricht, weil er viel Raum für Ladung oder Gepäck bietet. Das Pressefoto macht es deutlich. Foto: Archiv Automobilmuseum Zwickau

Wegbereiter für den Trabant: Die Zwischenlösung P 70

In der Ahnengalerie des Werkes ist der P 70 ganz offiziell als Zwischentyp eingestuft. Vor allem im Umgang mit dem Duroplast dient der Wagen als eine Art Versuchsträger. Enorme Schwierigkeiten in der Anlaufphase mit der Lackierung und an Übergangsstellen von Kunststoff zu Blech galt es in der kurzen aber intensiven Erprobungszeit zu bewältigen. Letztlich bewährt sich der P 70 durch-

Von wegen Kompromiss: Als Coupé ist der P 70 ein Traumwagen – entsprechend umringt ist das Messeexemplar im Frühjahr 1957. Foto: Archiv Automobilmuseum Zwickau

So sehr sich der P 70 auch bewährt, das Ziel aller Bemühungen um die Zwischenlösung ist der Trabant, der eine breite Motorisierung in der DDR in Gang bringen soll.

aus, erweckt sogar auf westlichen Märkten Interesse, wie Verkaufsprospekte für Belgien zeigen. Vor allem schätzen die Kunden die günstigen Platzverhältnisse des P 70. Das unauffällige Design ohne gestalterischen Pfiff – ganz den Erfordernissen der Duroplastverwendung folgend – stört seinerzeit offenbar wenig. Selbst ein nur von innen zugänglicher Kofferraum ist 1955 nicht so selten, dass man eine solche Unbequemlichkeit abgelehnt hätte. Die Beplankung wird am Gerippe aus Holz befestigt. Nur die Radhäuser bestehen aus Stahlblech. Die Karosserie sitzt auf einem Kastenprofilrahmen mit Querblattfedern, der Radstand fällt um 24 Zentimeter kleiner aus als beim F8. Die Leistung des Motors hatte durch einen neuen Zylinderkopf aus Leichtmetall eine Steigerung von 20 auf 22 PS erfahren. Der Zweizylinder-Zweitakter mit Wasserkühlung stammt noch aus dem DKW-Erbe der dreißiger Jahre. Mit 800 Kilogramm wiegt der P 70 genauso viel wie der etwas größere F8 mit seiner Kunstlederbespannung. 1959, nach drei Produktionsjahren und insgesamt 36.186 Fahrzeugen, macht der Zwischentyp dem schon seit einem Jahr produzierten P 50 endgültig Platz. Seine Aufgabe als Technologieträger erfüllt er, die Duroplastkarosserie ist nun bereit für den P 50, für dessen Überarbeitung in den knapp vier Jahren seit dem ersten Prototyp genügend Zeit gewesen ist – die Arbeiten wurden außerdem seit Februar 1956 in Zwickau durchgeführt. Der echte Kleinwagen kann nun in Serie gehen.

Alljährlich ...

wird in unserem Verlag durch die Herausgeber Rudolf Graf und Fritz Claus das

MOTORJAHR

– eine internationale Revue –

veröffentlicht.

Zwei reich illustrierte Bände, in denen namhafte Autoren zu den verschiedensten Themen des Verkehrs- und Kraftfahrzeugwesens Stellung nahmen, sind bereits in den Jahren 1956/57 und 1957/58 erschienen

Das

MOTORJAHR 1959

befindet sich in Vorbereitung. Es empfiehlt sich schon jetzt, Ihre Bestellung aufzugeben, da erfahrungsgemäß diese Publikation schnell vergriffen sein wird.

VERLAG DIE WIRTSCHAFT BERLIN

Zeitgeschichte 1957-1960

1957

Am 1. Januar tritt das Saarland als zehntes Bundesland der Bundesrepublik Deutschland bei.
Die ersten Wehrpflichtigen rücken bei der Bundeswehr ein (1. Januar).
Die sechs Staaten Frankreich, Italien, Belgien, Niederlande, Luxemburg und Bundesrepublik Deutschland gründen am 25. März die Europäische Wirtschaftsgemeinschaft (EWG).
Konrad Adenauer wird zum dritten Mal zum Bundeskanzler gewählt, diesmal mit absoluter Mehrheit (15. September).
Das Segelschulschiff der Bundesmarine „Pamir" sinkt, 80 der 86 Besatzungsmitglieder kommen dabei ums Leben (21. September).
Die Sowjet-Union gibt den erfolgreichen Test einer Mittelstreckenrakete (5000 Kilometer Reichweite) bekannt, die atomare Sprengköpfe transportieren kann. Ähnliche Versuche in den USA sind bislang gescheitert (26. August).
Proteste in der weißen Bevölkerung und zum Teil blutige Auseinandersetzungen in den USA bei der Einführung gemeinsamen Schulbetriebs für weiße und farbige Kinder (September).
Die Sowjet-Union schickt den ersten Erdsatelliten, den Sputnik, in das Weltall und sorgt damit für eine Weltsensation (4. Oktober).

1958

Die Amerikaner schicken ihren ersten Satelliten ins Weltall (1. Februar)
Am 28. Mai in der DDR Abschaffung der Lebensmittelrationierung und Einführung einheitlicher Lebensmittelpreise.
Berlin-Ultimatum von Nikita S. Chruschtschow, Sekretär des Zentralkomitees der KPdSU der Sowjet-Union, mit der Forderung, Berlin (West) zur entmilitarisierten, freien Stadt zu machen. Keine Zustimmung bei den drei Westmächten Frankreich, Großbritannien und USA.
Die Weltausstellung „Expo" in Brüssel wird am 17. April eröffnet. Hauptthemen sind die friedliche Nutzung der Atomkraft und die Raumfahrt.
Brasilien wird mit dem 17-jährigen Pelé Fußballweltmeister (5:2 im Finale gegen Schweden).
Die Zahl der Flüchtlinge aus der DDR in die Bundesrepublik steigt stark an. In den Monaten Januar bis August verlassen 130.000 Menschen ihre Heimat.
Papst Johannes XXIII. folgt dem am 9. Oktober verstorbenen Papst Pius XII. (28. Oktober)

1959

Heinrich Lübke wird Präsident der Bundesrepublik Deutschland (1. Juli).
Vollbeschäftigung in der Bundesrepublik: Es gibt mehr offene Stellen als Arbeitslose (rund 300.000).
Nach dem neuen Siebenjahresplan der DDR sollen die Fertigung von Produktionsmitteln auf 195 % und von Konsumgütern auf 177 % des aktuellen Stands gesteigert werden.
Am 1. Oktober führt die DDR-Volkskammer eine neue Nationalflagge ein mit Hammer, Zirkel und Ährenkranz (Symbole für die „Arbeiter- und Bauernmacht") als zusätzliches Symbol in der schwarz-rot-goldenen Deutschlandflagge.

1960

Die erste Ost-West-Abrüstungskonferenz wird ab dem 15. März in Genf abgehalten. USA, Großbritannien, Frankreich, die Sowjet-Union, Kanada , Italien, Bulgarien, die Tschechoslowakei, Polen und Rumänien nehmen teil.
DDR-Präsident Wilhelm Pieck stirbt am 12. September. Das Präsidentenamt wird nicht neu besetzt.
9. November: John F. Kennedy wird zum Präsidenten der USA gewählt.

zweckmäßig und komfort

Es spricht für den TRABANT, daß bei aller Einfachheit die Großzügigkeit von Farbe und Form dominiert. Hell und freundlich wie der gesamte Innenraum sind auch die Bezüge der Sitze gehalten. Farblich mit der Außenlackierung abgestimmt sind alle Materialien der Innenverkleidung wie auch das farbige Kunstleder der Sitze abwaschbar. Die Rückenlehnen der Vordersitze sind stufenlos verstellbar, ebenso können beide Vordersitze in Längsrichtung verstellt werden. Große Türseitentaschen nehmen die ständig benötigten Kleinigkeiten auf.

Zwei erwachsene Personen haben auf der Sitzbank im Fond des TRABANT bequem Platz. Selbst bei völlig zurückgestellten Vordersitzen ist im Fond ausreichende Beinfreiheit vorhanden, die dank des durch den Frontantrieb nicht erforderlichen Gelenkwellentunnels unbeeinträchtigt bleibt. Armstützen an beiden Seiten erhöhen den Komfort des Innenraumes, der vorn mit Gummimatten und im Fond mit Teppichen ausgelegt ist.

0,36 m³ stehen als Kofferraum zu Ihrer Verfügung, ein überraschendes Volumen für einen Kleinwagen. Bedenken Sie außerdem, daß das Reserverad dort stehend untergebracht ist. Damit entfällt das umständliche Ausräumen beim Reifenwechsel. Gleichzeitig finden Sie im Kofferraum das gesamte Bordwerkzeug, den Wagenheber und den Autobahnwarnbock vor.

Der Fahrer des TRABANT schätzt die Übersichtlichkeit der Instrumententafel besonders, weil sämtliche Kontrollinstrumente im Blickfeld liegen. Links der verschlossene Sicherungskasten, der in seinem Deckel die Tastatur für Park- und Standlicht, Scheinwerfer und Scheibenwischer enthält. Zur individuellen Verwendung ist die fünfte Taste als Reservetaste vorgesehen. Im Mittelteil liegen das Zündschloß sowie – mit einem Blendrahmen umgeben – der Tachometer mit Blink-, Lade- und Fernlichtkontrolle und der für den Radioeinbau vorgesehene Ausschnitt. Ascher und Ablegefach gehören selbstverständlich zur weiteren Ausstat-

tung. Der links am Lenk
Blinkerhebel betätigt gle
gnalhorn und die Lichthu
Der TRABANT-Kombiw
seitige Verwendungsmö
durch die klappbare h
der Laderaum beträch
werden kann. Umfangrei
in der Ferienzeit die Car
können mühelos unterg
Auf den wohldurchdachte
gearbeiteten Sitzen reisen
dung auch für längere D

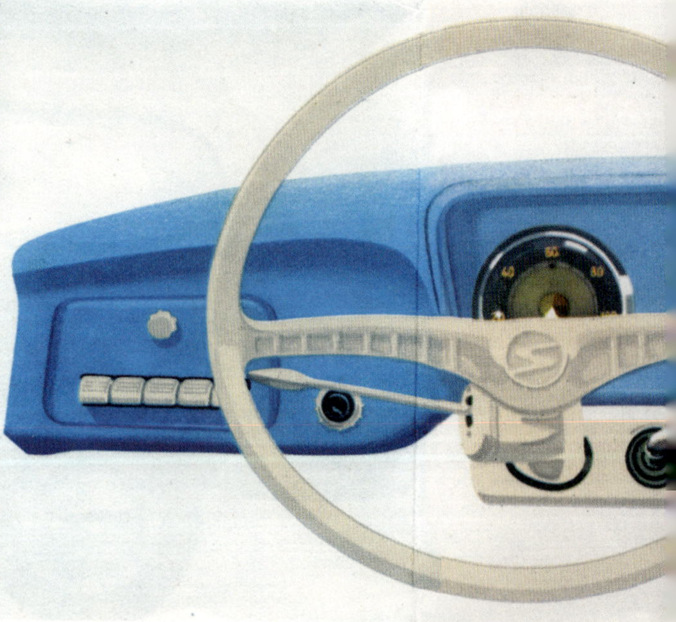

Verlockende Botschaft des Verkaufsprospektes, hier zum Trabant 600: Äußerlich attraktiv und relativ viel Platz im Innern – wenn auch nicht so viel, wie die Zeichnung glauben machen will.

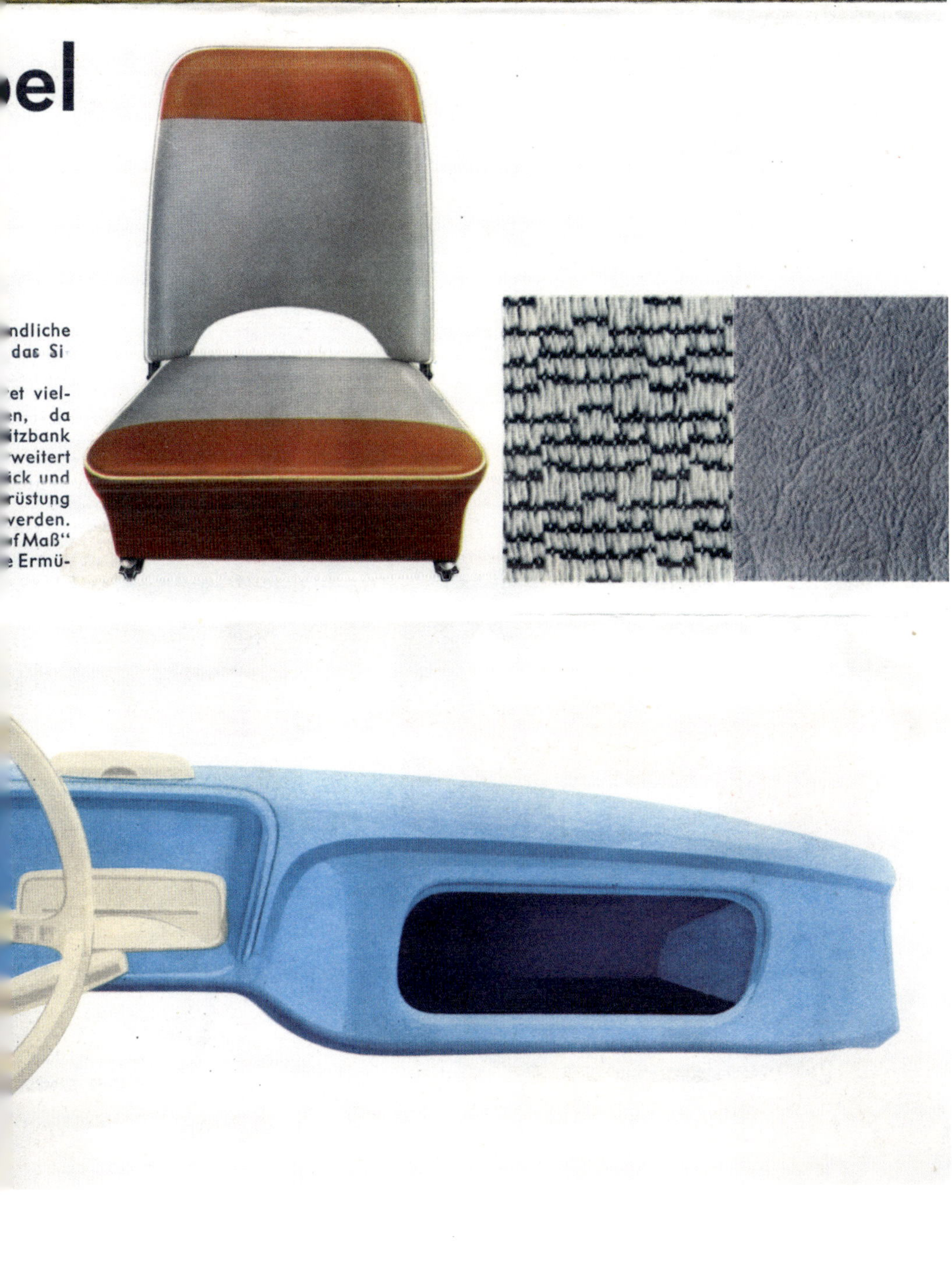

Der Trabant P 50 ist da: Der Prospekt verkündet die frohe Botschaft an die erwartungsfrohe Kundschaft und verspricht ihr keineswegs zu viel.

Von Anfang an begehrt, aber stets in zu geringer Stückzahl produziert bleibt der Kombi des Trabant – hier ebenfalls in einer Prospektabbildung.

Kapitel 2

Der ideale Kleinwagen Trabant P 50/P 60

Auf einen Wettlauf mit der Zeit ließen sich die Verantwortlichen bei Sachsenring gar nicht erst ein, als sie ihren Kleinwagen projektieren, zumal die äußeren Umstände sie immer wieder bremsten. Sie kommen deshalb auch nicht als Erste mit einem Fahrzeug dieser Größe auf den Weltmarkt. Aber sie setzen letztendlich gleich die richtige Lösung um, den Boom bei Rollermobilen, wie bei einigen Ende der fünfziger Jahre schon ums Überleben kämpfenden Herstellern im Westen, überspringt man in Zwickau glatt und verwirft die Idee der Notsitze hinten früh genug. Was da auf den Rädern steht, ist der „richtige" Kleinwagen, also das vierplätzige kleine, vollwertige Auto. Damit soll nun die DDR motorisiert werden, wenn auch anderswo um 1958 bereits der größere Kleinwagen unterhalb der damaligen Mittelklasse im internationalen Trend liegt, in der Bundesrepublik Deutschland zum Beispiel der DKW Junior und die Lloyd Arabella.

Der Trabant P 50 ist ein zeitgemäßes und gut durchdachtes Auto. Ausgesprochen fortschrittlich sind Frontantrieb und Querlage des Motors für Straßenlage und Raumausnutzung, fortschrittlich auch die selbsttragende Karosseriestruktur. Der neue Werkstoff Duroplast bewährt sich beim Trabant und erweist sich so lange als Alternative, wie bei der Verarbeitung von Stahlblech die Rostprobleme nicht gelöst sind. Und noch keineswegs veraltet ist seinerzeit der Zweitaktmotor.

Dazu stimmt die Optik. Schon die ersten veröffentlichten Bilder des neuen Kleinwagens sind begeistert aufgenommen worden. Bei der Leipziger Messepremiere im Herbst 1957 können sich die Fachbesucher – das allgemeine Publikum ist zu jener Zeit noch nicht zugelassen – von der

Fast schon ein Klassiker ist dieses Pressefoto vom P 50, aufgenommen vor dem Leipziger Hauptbahnhof. Die Damen tragen die aktuelle Sommermode.
Foto: Archiv Automobilmuseum Zwickau

Stimmigkeit der Karosserielinien überzeugen: Pontonform in zurückhaltender Eleganz, runde Formen überwiegen, sowohl bei den Kotflügeln vorn wie auch bei der Motorhaube, Kofferraumklappe und dem Dach. Alles passt harmonisch zueinander. Die relativ großen Fensterflächen sind schön und nützlich zugleich. Sowohl Motorhaube wie Kofferraumklappe reichen fast bis zu den Stoßstangen, was nicht nur gut aussieht, sondern auch beste Zugänglichkeit garantiert. Das Sachsenring-Zeichen ziert die Motorhaube, die übrigens keine Lüftungsschlitze aufweist. Hinten deuten die Lichter den Hauch von Heckflossen an. Die dezente Gestaltung zeigt, dass es die Entwickler in Zwickau nicht nötig hatten, der gängigen Mode zu folgen. Die unpraktische Panorama-Frontscheibe wie zum Beispiel beim Glas Isar oder dem legendären Opel Rekord aus dieser Zeit ist kein Thema. Nur im Chromschmuck sollten sie sich später für eine kurze Zeit von der Mode inspirieren lassen. Der bei der Einführung sehr sparsam angebrachte Chromzierrat betont die Gürtellinie des Wagens.

Die Dimensionen stimmen

Auch die Dimensionen stimmen, bei einer Gesamtlänge von 3375 Millimetern beträgt der Radstand 2020 Millimeter. Diese Zahl wird den Trabant übrigens begleiten bis in seine letzten Tage … Was in späteren Jahren ein mühseliger Kompromiss wird, passt eben 1958 genau. Breite und Höhe sowie die Überhänge vorn und hinten sind ideal auf den Radstand abgestimmt. Und Platz genug ist auch. 920 Millimeter von der Sitz-

Ein komplettes Auto mit selbstbewusstem Auftritt – damit fördert der Kleinwagen auch den Stolz seiner Besitzer. Dem Paar hier sieht man es an. Foto: Archiv Automobilmuseum Zwickau

Nicht zu klein und dank der tief nach unten reichenden Klappe sehr gut zugänglich ist der Kofferraum des P 50. Foto: Archiv Automobilmuseum Zwickau

fläche bis zum Dachhimmel vorn und 900 hinten werden mühelos akzeptiert. Lediglich die Kopffreiheit der hinteren Passagiere zur Heckscheibe hin reicht nicht ganz aus. Die großen Türen sind vorn angeschlagen, der Beifahrersitz lässt sich zusammenklappen und nach vorn legen, so dass sich der Einstieg nach hinten relativ unkompliziert gestaltet. Der rund 400 Liter fassende Kofferraum und seine gute Zugänglichkeit sind einer der großen Vorzüge des ersten Trabant. Der Tank ist im Motorraum untergebracht, ohne dass dies zu ernsten Sicherheitsproblemen führt.

Von den westlichen Konkurrenten kommt der Lloyd 600 dem Sachsen am nächsten, ohne dessen elegantes Erscheinungsbild zu erreichen. Der NSU Prinz ist etwas kleiner, DKW Junior, Glas Isar

Wohl proportioniert zeigt sich auch der Kombi. Im Vergleich zur Limousine profitiert die Optik von der lang gezogenen hinteren Seitenscheibe. Foto: Archiv Automobilmuseum Zwickau

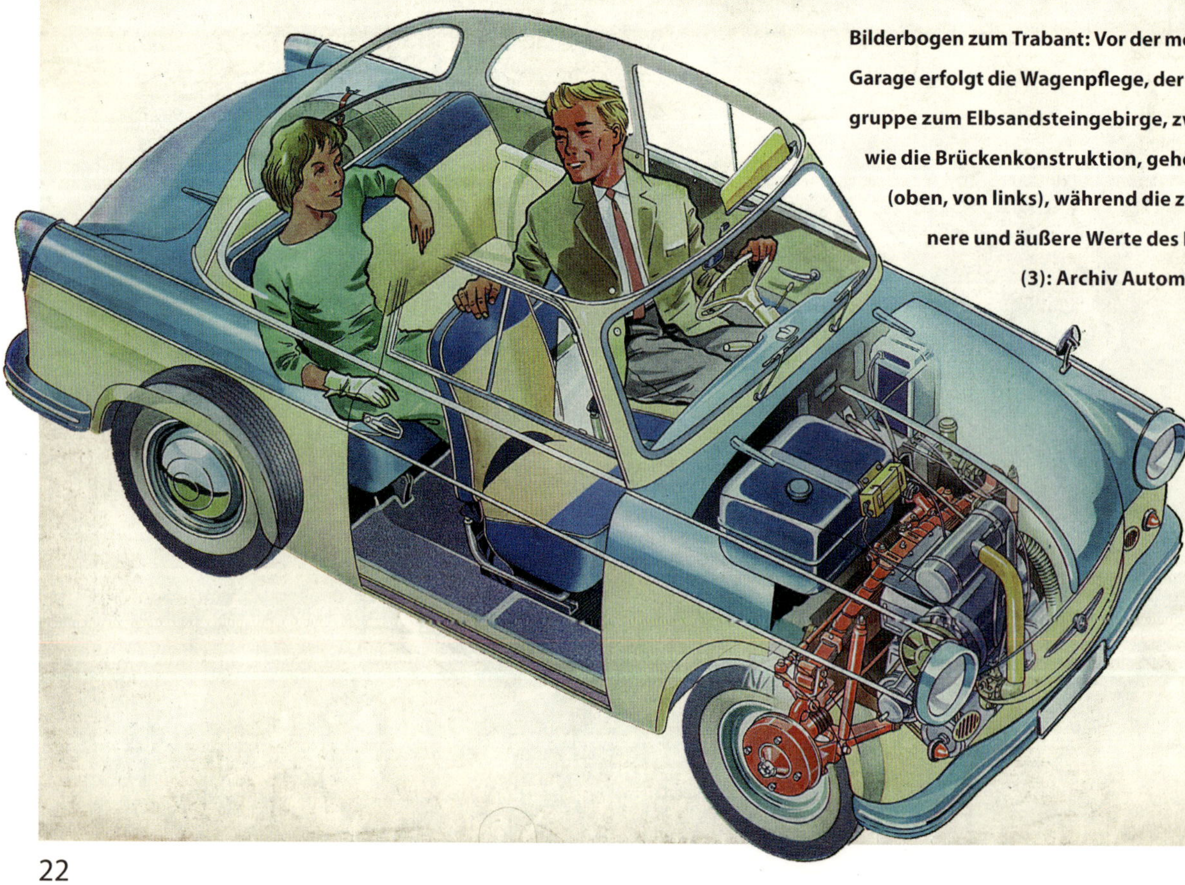

Bilderbogen zum Trabant: Vor der mehr als standesgemäßen Garage erfolgt die Wagenpflege, der Kombi führt die Dreiergruppe zum Elbsandsteingebirge, zwei Trabis, so modern wie die Brückenkonstruktion, gehen auf große Fahrt (oben, von links), während die zwei Prospektbilder innere und äußere Werte des Kleinen erläutern. Fotos (3): Archiv Automobilmuseum Zwickau

Trabant
GS 21-14

oder BMW 700 deutlich größer. Der Trabant hat seinen eigenen Platz in der Welt der Kleinwagen. Das ursprünglich angepeilte Gewicht des fahrfertigen Wagens von 600 Kilogramm ist nur um deren 20 überschritten. Gegenüber den allerersten Vorgaben fährt der P 50 um 10 km/h in der Endgeschwindigkeit schneller, der geplante Verbrauch von 5,5 Litern auf 100 Kilometern hat sich allerdings nicht verwirklichen lassen. Der Prospekt gibt 6,8 Liter an. Konsequent umgesetzt ist die einfache Bauweise der mechanischen Komponenten und der zu wartenden Teile, der Trabant-Eigner kann Vieles eigenhändig erledigen. Keine Rede ist freilich vom einst angedachten Verkaufspreis von rund 4600 Mark. Für 8360 Mark kommen die ersten P 50 zu den Kunden.

Der selbsttragende Wagenkörper besteht aus einem Plattformrahmen, mit dem das Karosseriegerippe aus Stahlblechpressteilen verschweißt ist. Dieses Gerippe wird dann mit den Duroplast-Pressteilen beplankt. Motor und Getriebe sowie die Radaufhängung, Federung vorn und Lenkung sind auf einem Hilfsrahmen montiert und mit dem Plattformrahmen fest verbunden. Einen solchen Fahrschemel nutzen zu jener Zeit viele Pkw-Konstruktionen. Einzelradaufhängung hat der Trabant rundum, vorn mit Querlenker, hinten mit Pendelachse und Dreieckslenker. Die Querblattfeder vorn und hinten, ein Stück DKW-Tradition, übernimmt zusammen mit den vier Teleskop-Stoßdämpfern die Abfederung. Die Fahrwerkskonstruktion des Trabant verleiht ihm eine gute Straßenlage, besonders im Vergleich zur zahlreichen westlichen Konkurrenz mit Heckmotor wie NSU Prinz I bis III oder Fiat 500 und 600.

Einfache Ausstattung zu Beginn

Was ein vollwertiger Kleinwagen an Ausstattung unbedingt braucht, hat der Trabant – mehr allerdings nicht. Die Armaturentafel besteht aus einem Rundinstrument, dem Lenkradhebel für Blinklicht und Hupe, zwei Zugschaltern für Licht und Scheibenwischer sowie aus zwei Bowdenzügen für Heizung und Defrosteranlage. Schiebefenster und kleine Ausstellscheiben vorn sorgen für die Belüftung. Das Handschuhfach, Aschenbecher und Blenden für Radio und Lautsprecher ergänzen die Erstausstattung. Innentaschen in den Türen bieten weitere Ablagen. Ein Druckknopf zur Entriegelung der Kofferraumklappe befindet sich im Türrahmen. In der Startversion kommt der Trabant also noch spartanisch daher, eine ständige Aufwertung der Innenausstattung wird in späteren Jahren zu einem Dauerthema der Trabant-Weiterentwicklung werden.

Der Trabant ist ein hochaktueller Kleinwagen. Das gilt im Prinzip auch für seinen Motor. Der Zweitak-

Ein Devisenbringer sollte der Lieferwagen sein. Kombis mit geschlossenen hinteren Seitenscheiben genießen über Jahre in den Benelux-Staaten und anderen westlichen Ländern Steuervorteile. Foto: Archiv Automobilmuseum Zwickau

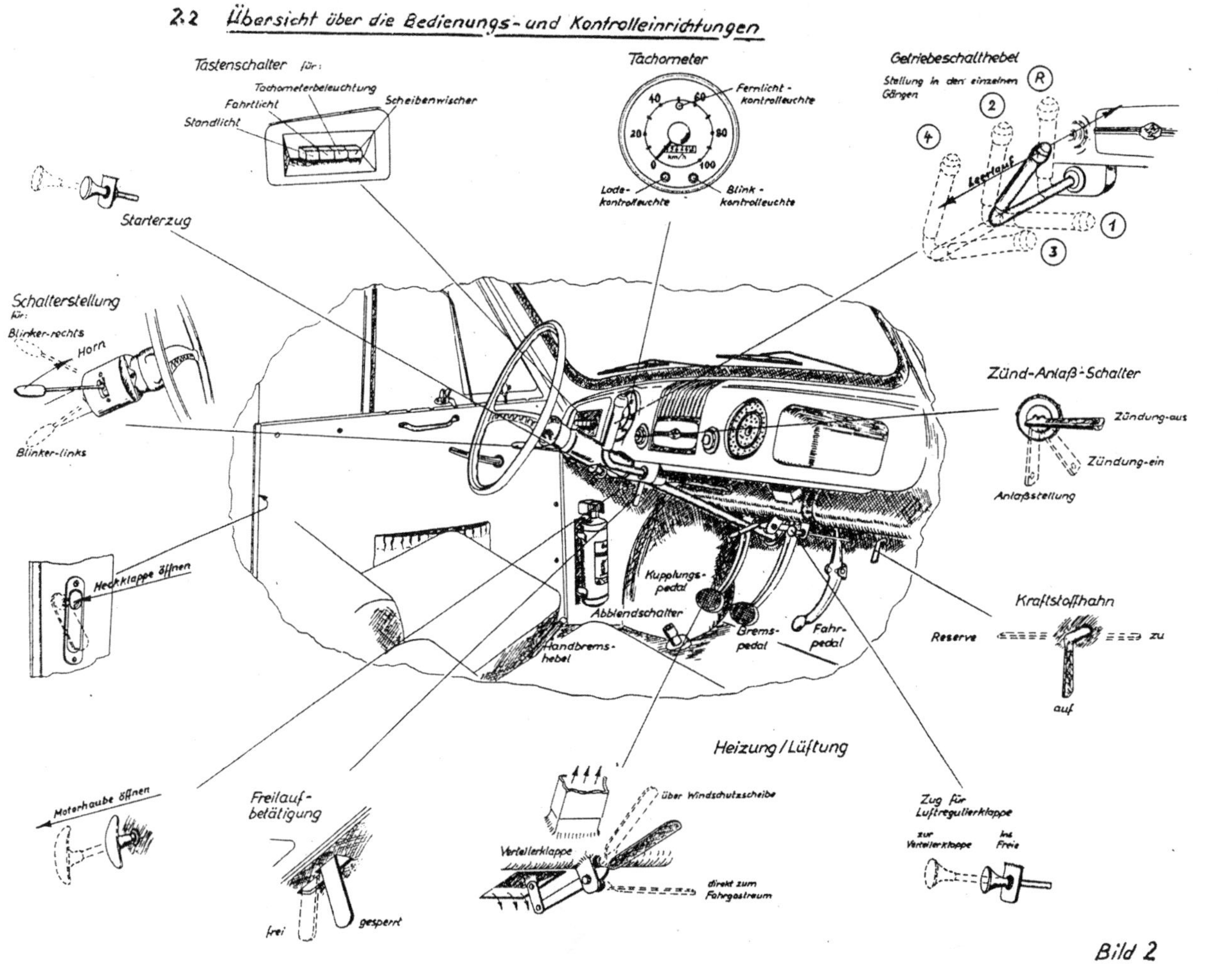

Auch eine karge Ausstattung und Ausrüstung lässt sich aufwendig darstellen – die Erläuterung aus der Betriebsanleitung lässt nichts aus und ist übersichtlich gestaltet.

ter entspricht nicht nur Zwickauer Tradition, nach 1945 weitergeführt in Ost und West, sondern hat auch international noch einige Befürworter, wenn deren Zahl Ende der fünfziger Jahre auch abnimmt. Immerhin bringen um 1958 Mitsubishi, Subaru und Suzuki in Japan neue Kleinwagen mit 360 cm³ großen Zweitaktmotoren, der französische Vespa 400 kommt zur selben Zeit. Und dann gibt es noch Zweitakter von Saab in Schweden. In der Bundesrepublik schwört DKW noch ein paar Jahre auf seinen angestammten Motor, erst ab 1962 wird dann das Ende der Ingolstädter Zweitakter heraufdämmern. Lloyd und Goliath allerdings haben bereits auf Viertakt umgestellt. Die meisten Rollermobile wie Fuldamobil, Messerschmitt Kabinenroller oder Zündapp Janus bedienen sich des Zweitakters. Der erfolgreiche Kleinstwagen Goggomobil – wie der größere P 50 nicht an die Idee der Rollermobile angelehnt – oder der zu diesem Zeitpunkt schon fast verschwundene Maico fahren ebenfalls mit diesem Motorenprinzip.

Der Zweitaktmotor arbeitet eben mit erheblich weniger Aufwand als der Viertakter und ist leichter. Er benötigt für den Verbrennungsvorgang nur zwei Kolbenhübe statt vier und nur eine statt zwei Kurbelwellenumdrehungen. Die Zufuhr des frischen Kraftstoff-Luft-Gemischs zusammen mit dem Schmieröl sowie die Abfuhr des verbrauchten Gases erfolgt über feste Schlitze in der Zylinderwand statt über beweglich zu steuernde Ventile. Die Schmierung ist nötig, weil das Kraftstoff-Luft-Gemisch auch unter den Kolben gelangt. Beim Trabant erledigt die Schmierung das dem Kraftstoff beigemischte Öl. Durch die schnelle Folge der Arbeitstakte – nämlich einer je Kurbelwellenumdrehung – hat der Zweitaktmotor eine gute Leistungsausbeute. Das sind die klaren Vorteile, Nachteile wie unruhiger Lauf, relativ hoher Verbrauch und teilweise problematisches

Abgasverhalten fallen Ende der fünfziger Jahre noch nicht so ins Gewicht wie 30 Jahre später.
Der Trabant verfügt über einen Zweizylinder-Reihenmotor. Die einfache Bauart der Schlitzsteuerung haben die Techniker, fußend auf einer früheren Entwicklung von DKW, um Einlassdrehschieber als zusätzlicher Möglichkeit der Steuerung des Verbrennungsvorgangs erweitert. Der von der Kurbelwelle bewegte, an jedem der zwei Zylinder angebrachte Einlassdrehschieber gibt den Einlasskanal nur für bestimmte Augenblicke frei und regelt so die Frischgaszufuhr, während die Öffnungszeiten des Überströmschlitzes – er leitet das Frischgasgemisch vom Kurbelgehäuse nach oben in den Zylinder – und der Auslassschlitz zur Abfuhr des verbrauchten Gases durch den sich auf und ab bewegenden Kolben bestimmt werden. Der Trabant-Motor verfügt Dank für die Füllung günstiger Steuerzeiten über ein gutes Drehmoment im unteren Drehzahlbereich. Die Zylinderkörper sind aus Grauguss. Das führt zunächst zu thermischen Schwierigkeiten, der erste Trabant muss mit einem Mischverhältnis Öl zu Benzin von 1:25 auskommen, ehe neues Material ein günstigeres, d.h. ölärmeres Mischungsverhältnis zulässt. Die Zylinderbohrung beträgt 66 und der Hub 73 Millimeter, aus 500 cm^3 Hubraum holt der Motor eine Leistung von 18 PS bei 3750/min.
Das ist etwas wenig im Vergleich zur Konkurrenz, die erste Leistungssteigerung lässt dann auch nicht lange auf sich warten. Für die Kühlung der mit Kühlrippen versehenen Zylinder sorgt ein Axialgebläse, angetrieben über Keilriemen von der Kurbelwelle aus. Der Horizontalvergaser wurde eigens für den Trabant entwickelt. Eine Höchstgeschwindigkeit von 90 km/h und eine Dauergeschwindigkeit von 80 km/h gibt der Hersteller im allerersten Prospekt an. Mit dem Motor ist ein ganz neues Vierganggetriebe, das wie beim DKW F8 noch über eine Krückstockschaltung bedient wird, entstanden. Es verfügt über den vom DKW bekannten Freilauf. Dieser unterbricht den Kraftfluss zwischen Getriebe und Motor, wenn der Wagen ohne Gas rollt. Unter solchen Umständen macht sich übrigens der Nachteil eines unsynchronisierten Getriebes nicht so stark bemerkbar, da man nicht sofort die ideale Drehzahl beim Schalten abpassen muss, sondern vor der Gangwahl den Freilauf nutzen kann. Wird die Bremsleistung des Motors gebraucht, lässt sich der Freilauf ausschalten.

Motor und Antriebseinheit des Trabant

Der Trabant P 50 und die Gestaltung der Seitenansicht im Laufe der Zeit: Die schwungvolle Linie in Chrom in der einfarbigen Ausführung ...

Weiterentwicklung

1959

Die Produktion des P 50 läuft 1958 nach der Nullserie von 50 Exemplaren 1957 planmäßig an, was hier durchaus wörtlich zu nehmen ist und nichts mit der in der Presse der DDR immer wieder bemühten angeblichen oder tatsächlichen Erfüllung des sozialistischen Wirtschaftsplanes zu tun hat. Im Frühjahr 1959 kommt erstmals die Gelegenheit, den Trabant optisch aufzuwerten. Die Zwickauer tun dies im Stil der Zeit und verpassen dem Kleinen eine gezackte Chromlinie an den Flanken, die ihn optisch größer machen soll. Gleichzeitig dient sie als Trennungselement für die nun lieferbare Mehrfarblackierung, nachdem es das Auto zunächst nur einfarbig gegeben hat. Unterhalb der Chromleiste dezent hell, darüber bis zur Gürtellinie unter Einschluss der Motorhaube in kräftigem Ton, Fenstereinfassungen, Pfosten und Dach wiederum dezent wie der Unterbau, so ist jetzt die Aufteilung. Als dritte Farbe kommt auf Wunsch ein breiter dunkler Seitenstreifen im hinteren Teil hinzu, dieser ist allerdings nur ein Jahr lang lieferbar. Über solche

... und zweifarbig in der besseren Variante ...

... oder in einer schnell wieder verworfenen Spielerei mit Chrom ...

Kombinationen freuen sich die Käufer von damals. Die gezackte Linie beim Trabant bleibt eine kurzlebige Mode, beschränkt auf die Flankengestaltung, das gute Formgefühl der Entwerfer in Zwickau lässt sie bald wieder Abstand nehmen von derartigen Effekten. Schnell verworfen wird auch das ursprünglich verwendete Sachsenring-Emblem mit Flügelmotiv. An seine Stelle tritt jetzt ein großzügig gestaltetes Sachsenring-„S".

1960

Zwei PS mehr und ein neuer Name kennzeichnen die technische Entwicklung. Durch Feinarbeit am Motor leistet der Trabant 500 nun 20 PS. Höherwertiges Material der einzelnen Zylinder ermöglicht eine bessere Kühlung und damit eine größere Leistungsentfaltung und das günstigere Mischungsverhältnis Öl zu Kraftstoff von 1:33. Intern heißt der Wagen P 50/2. Zum selben Zeitpunkt, 21 Monate nach dem Start, folgt eine wesentliche Programmerweiterung. Im Frühjahr 1960 steht der Kombiwagen bereit. In exakt den Abmessungen der Limousine wiegt der Kombi fahrfertig 40 Kilogramm mehr (660 statt 620 Kilogramm), das zulässige Gesamtgewicht hat das Werk bei 1000 Kilogramm festgelegt gegenüber 950. Auch der Trabant Kombi macht optisch einen sehr guten Eindruck. Die lange hintere Sei-

... und zweifarbig in der besseren Variante ...

… und schließlich beim P 600 solide und elegant mit einer waagerecht gehaltenen Absetzung – bei Limousine und Kombi. Fotos: Archiv Automobilmuseum Zwickau (5), Matthias Röcke

tenscheibe und das nach hinten verlängerte Dach in seinen typischen Abrundungen und die daran angepasste, etwas bauchige Hecktür ergeben ein harmonisches Bild. Die Hecktür öffnet sich zur linken Seite hin. Um das Reserverad unter der Ladefläche zu verstauen, liegt der Boden des Kombi recht hoch. Wer im Laderaum mehr Höhe braucht, kann allerdings den Gepäckboden herausnehmen, muss dann aber das Reserverad seitlich aufstellen. Bei einer Besetzung nur mit Fahrer und Beifahrer lässt der Kombi eine Nutzlast von 210 Kilogramm, für die Ferienfahrt mit vier Erwachsenen noch eine Zuladung von 80 Kilogramm zu. Gegen Ende seiner Bauzeit, im Frühjahr 1964, gelingt mit einem einfachen Trick eine Verbesserung der Raumverhältnisse: Rückenlehne und Sitzbank finden zusammengeklappt Platz auf dem Wagenboden und nicht mehr hinter den Lehnen der Vordersitze. Die Länge der Nutzfläche erhöht sich auf diese Weise um 170 Millimeter.

Technisch gibt es für 1960 keine Veränderungen gegenüber der Limousine, nur die Antriebsübersetzung wird zugunsten der Kraftentfaltung bei höherer Last geringfügig verkürzt. In der Innenausstattung sind beide Typen gleich. Wer den Kombi zweifarbig bestellt, erhält ihn meist in kräftiger Farbgebung unten und mit dezentem Ton oben. Die 1959 eingeführte Optik mit der aufwendigen Zierleiste bleibt dem Kombi erspart und hätte auch nicht zu seiner Linienführung gepasst.

1961

Zur Frühjahrsmesse in Leipzig korrigiert das Werk das Aussehen der Limousine und schafft mit der nun gerade verlaufenden, dünnen Zierleiste eine dem Trabant gut stehende dezente Eleganz. Der Chromschmuck bestimmt gleichzeitig die jetzt nur noch zweifache Farbeinteilung. Zum ersten Mal erhält der Trabant neue Bezugsstoffe für die Fahrzeugauskleidung und die Sitze. Eine lange Reihe immer neuer Veränderungen – nicht immer Verbesserungen – im Laufe der Weiterentwicklung des Trabant nimmt hier ihren Anfang. Aktuell sind im Jahre 1961 helle, farblich abgesetzte und auf die Außenlackierung abgestimmte Kunststoffbezüge. Größere Bedeutung haben aber Verbesserungen bei den Platzverhältnissen. Kleine Kniffe der Entwickler zeigen durchaus Wirkung. So lässt das umgestaltete Armaturenbrett mit dem nun nicht mehr so ausladenden Ablagefach dem Beifahrer mehr Platz für die Beine. Die Sitzflächen der Vordersitze sind flacher gehalten, die Rückenlehnen dünner und vermitteln zudem einen besseren

Halt. Für die Fondpassagiere finden sich ein paar Millimeter ebenfalls durch flachere Sitzflächen und durch Verkleinerung der Ablage hinter der Rückenlehne, die nun auch steiler steht. Erleichtert werden die Trabant-Fahrer über die Entfrosterdüsen gewesen sein. Die Luft tritt in der Mitte und an den Seiten der Armaturentafel aus. Deren Instrumente sind jetzt blendfrei abzulesen. Außerdem gibt es nun Lichthupe und (auf Wunsch) eine Scheibenwaschanlage.

Überraschend taucht eine Abwandlung des Kombis mit geschlossenen Seitenscheiben und ohne hintere Sitzbank auf der Leipziger Messe auf. Der Wagen wird nur in ganz kleiner Stückzahl produziert und ist vermutlich für den Benelux-Markt gedacht, wo derartige „Bestelwagen" auf Pkw-Basis bis in die neunziger Jahre hinein als Nutzfahrzeuge laufen und von der Steuer begünstigt sind. Vom Kombi präsentiert das Werk außerdem eine dem berühmten Wartburg-Camping nachempfundene Version mit Faltschiebedach und Liegesitzen.

1962

Es ist Zeit für grundlegende technische Weiterentwicklungen. Wie aus einer Veröffentlichung des Werks in Heft 3/62 der „Kraftfahrzeugtechnik" (KFT) hervorgeht, ist man sich völlig im Klaren darüber, dass der Trabant in einigen Punkten nicht mehr dem Stand der Technik entspricht. Im Frühjahr 1962 bessert man deshalb mit einem vollsynchronisierten Getriebe und mit Maßnahmen zur Geräuschdämmung kräftig nach. Das vorher in der Praxis notwendige Abpassen des Gleichlaufes beim Schaltvorgang kann nicht mehr von jedem Fahrer erwartet werden, eine Kupplung zur Herstellung der Drehzahlgleichheit musste in das Getriebe integriert werden. Der Freilauf, der bis dahin über einen Sperrhebel separat zu bedienen war, ist nun mit dem vierten Gang kombiniert, wird durch Auskuppeln ein- und durch ein Zurückschalten in den dritten Gang wieder ausgeschaltet. Eine verbesserte Gummilagerung des Motors reduziert die Geräuschentwicklung

spürbar. Die Aufhängungspunkte werden verlegt, weichere Gummilager finden Verwendung. Außerdem ändern die Techniker das Kühlluftgehäuse und arbeiten im Innenraum mit Antidröhnmassen. Bei Tempo 80 entwickelt der Trabant nun Geräuschwerte von rund 88 dB(A) gegenüber 93 dB(A) im Vorgängerfahrzeug. Ziel ist ein Wert wie beim DKW Junior – rund 81 dB(A) – aus der Bundesrepublik. Die erwähnte Werksveröffentlichung führt zum Vergleich übrigens auch die Lärmentwicklung des NSU Prinz II an, sie liegt auf dem Niveau des Trabant ohne die neuen geräuschdämmenden Maßnahmen.

Noch einmal ändern sich Zierstreifen und Farbeinteilung. Jetzt schmückt den Trabant in der „Sonderwunsch-Ausführung" vom vorderen Radausschnitt bis weit nach hinten ein farblich abgesetzter Zierstreifen, wiederum eine gefühlvolle Gestaltungsvariante. Dazu gibt es neue Farben: Marmorweiß, Silbergrau, Heliotrop, Rosenbeige, Rohrgelb oder Damastgrün für die einfarbige Standardvariante,

Blick in die Fertigung: Während das Tauchbad und die Lackieranlage für ihre Zeit modern sind, wirken das Absetzen der Rohkarossen per Gabelstapler und die Vorbereitung des Tauchbades improvisiert.

Trotz des imposanten Bildes aus der Endmontage – vorn der Einbau der Antriebseinheit in die selbsttragende Karosserie – sind die Trabant-Stückzahlen nie ausreichend hoch, um den Bedarf zu decken.

als Sonderwunsch die Kombinationen von Marmorweiß mit Silbergrau, Rosenbeige, Damastgrün oder Rohrgelb. Sitzbezüge und Innenverkleidung sind auf das neue Design abgestimmt, die Türen der Sonderwunsch-Ausstattung haben sogar einen effektvollen Seitenstreifen in der Innenauskleidung.

1963

Aus dem Trabant 500 wird der Trabant 600. Schon im Herbst 1962 hatte das Werk den neuen Motor präsentiert, ab Jahresbeginn 1963 steht er zur Verfügung. Er leistet 23 PS. Dank der um acht Millimeter größeren Bohrung hat er einen Hubraum von 595 cm^3. Die höhere Verdichtung macht nun die Verwendung besserer Kraftstoffqualität nötig, für den DDR-Markt bedeutet das „Volkskraftstoff (Vk) extra" statt „Vk normal". Die Höchstgeschwindigkeit klettert auf glatte 100 km/h. Damit liegt der Trabant gut im Feld vergleichbarer Kleinwagen aus dem Westen. Selbst der neue, von der Konzeption her sehr fortschrittliche Renault R4 ist nicht schneller. Allen Modellen kommen kleine Weiterentwicklungen zugute wie ein verschlusssicherer Tankdeckel sowie verbesserte Heizung und Lüftung.

P 50-Karosserien durchlaufen die Beplankung und werden dann auf hier Passgenauigkeit überprüft (oben), für die Endmontage lassen sich die Karosserien in bequeme Arbeitsstellungen drehen und unten hat es sich die Monteurin im Motorraum bequem gemacht. Foto: Archiv Automobilmuseum Zwickau

Zeitgeschichte 1961-1965

1961

11. April: Die Sowjet-Union verbucht den ersten bemannten Weltraumflug für sich: J. A. Gagarin umkreist die Erde.

13. August: Bau der Mauer in Berlin, im offiziellen Sprachgebrauch der DDR „Antifaschistischer Schutzwall". Zuvor war die offene Grenze zwischen dem sowjetischen Sektor und den drei westlichen Sektoren Berlins von DDR-Bürgern verstärkt zur Flucht in den Westen genutzt worden.

Bundeskanzler Adenauer wird bei der Bundestagswahl im Amt bestätigt, benötigt zum Regieren aber den Koalitionspartner FDP.

18. Oktober: Der Automobilkonzern Borgward in Bremen mit den Marken Borgward, Goliath und Lloyd geht in Konkurs.

Formel I-Weltmeister wird Phil Hill (USA) auf Ferrari vor seinem deutschen Teamkollegen Wolfgang Graf Berghe von Trips, der im letzten Rennen in Monza tödlich verunglückt.

1962

In der Bundesrepublik kostet ein 1 Liter Normalbenzin durchschnittlich 0,58 DM, in der DDR als VK 94 1,65 Mark (Normalbenzin VK 79 1,40 Mark, VK 88 1,50 Mark). Die Preise dort bleiben über Jahrzehnte konstant.

Mit Oberstleutnant John Glenn umkreist der erste Amerikaner in seinem Raumschiff „Friendship" die Erde.

Die Beatles treten, mit Ringo Starr am Schlagzeug, erstmals im Star-Club in Hamburg auf.

In Chile wird Brasilien mit einem 3:1 über die Tschechoslowakei Fußballweltmeister (17. Juni).

Sowjetische Angriffswaffen auf Kuba werden entdeckt und führen an den Rand eines atomaren Krieges. Die Amerikaner verhängen vor Kuba eine Seeblockade gegen sowjetische Frachter (18. Oktober).

1963

In Amerika werden erstmals Telefone mit einer Tastatur vorgestellt.

In der Bundesrepublik nimmt das Zweite Deutsche Fernsehen seinen Sendebetrieb auf.

Tod von Papst Johannes XXIII, Nachfolger wird Papst Paul VI.

Die 963 Meter lange Brücke zwischen Fehmarn und dem Festland wird eröffnet.

400.000 Berliner empfangen John F. Kennedy im seit dem Mauerbau isolierten Westteil der Stadt. Bei der Kundgebung am 26. Juni fällt der legendäre Satz: „Ich bin ein Berliner."

Am 16. Oktober wird Ludwig Erhard (CDU) Bundeskanzler als Nachfolger von Konrad Adenauer, der zurückgetreten ist.

Jim Clark (Lotus) wird neuer Formel-1-Weltmeister.

Am 22. November wird in Dallas (USA) US-Präsident John F. Kennedy erschossen. Sein Vize Lyndon B. Johnson rückt in das Amt auf.

Am 17. Dezember vereinbaren Dienststellen der DDR und des Westberliner Senats ein Passierscheinabkommen. Westberliner können über die Weihnachtsfeiertage ihre Verwandten in Ostberlin besuchen.

1964

In New York öffnet am 22. August die Weltausstellung. Leitthema ist die Erforschung des Weltraums.

Der Ministerrat beschließt am 9. September eine Reiseregelung, nach der Rentner aus der DDR ihre Verwandten in der Bundesrepublik und in West-Berlin besuchen können.

Am 25. November Beschluss zum Zwangsumtausch für Reisende aus der Bundesrepublik und anderen westlichen Staaten.

Lyndon B. Johnson gewinnt die Präsidentschaftswahl in den USA (3. November).

1965

Sean Connery feiert als James Bond in „Goldfinger" Premiere.

Am 18. März verlässt als erster Mensch der Kosmonaut Alexei Leonow sein Raumschiff im Weltall.

Der US-Amerikaner Cassius Clay verteidigt in einem legendären Boxkampf seinen Weltmeistertitel gegen seinen Landsmann Sonny Liston (25. Mai).

Die Beatles bekommen von Königin Elisabeth II. den Empire Orden verliehen.

Die CDU gewinnt unter Bundeskanzler Erhard die Bundestagswahl und bildet eine Koalition mit der FDP.

In München wird das erste Luftkissenboot präsentiert.

Nach einer Statistik des Deutschen Institutes für Wirtschaft (DIW) in der Bundesrepublik unterscheidet sich im Jahre 1966 die finanzielle Situation einer vierköpfigen Arbeiterfamilie in der Bundesrepublik und der DDR in folgenden Daten:

Der DDR-Haushalt hat eine um 14 Prozent niedrigere Kaufkraft, dabei sind die Kosten für Ernährung um 13%, für Bekleidung um 56%, für Getränke und Genussmittel um 106% höher, für Miete um 47%, für Heizung und Beleuchtung um 37% niedriger als in der Bundesrepublik.

Kapitel 3

Stahlmangel macht erfinderisch
Werkstoff Duroplast

Die Stellung des Trabant in den zwei Jahrzehnten nach dem Ende der DDR als halb verehrtes, halb belächeltes Kultauto liegt zu einem Teil auch an seiner ganz besonderen Karosseriestruktur. Am Schluss der Bauzeit wirkt sie genau so antiquiert wie der Zweitaktmotor – zu Unrecht, wenn man die Entwicklungsgeschichte berücksichtigt. Auch die spöttisch gemeinten Spitznamen zur „aktiven" Zeit des Trabant würdigen nicht die ingenieurtechnische Leistung der Erfindung. „Pappe", in der DDR weit verbreitet, war ebenso witzig wie falsch, und ein „Plastikauto", wie im Westen manchmal apostrophiert, ist der Trabant natürlich auch nie gewesen. Genau genommen ist die Konstruktion von einer herkömmlichen in Stahl gar nicht so verschieden. Statt mit Tiefziehblech ist das Stahlgerippe mit Duroplast belegt, beide Elemente üben dabei tragende Funktion aus. Nach dem Karosserierohbau erfolgt wie bei anderen Autos auch die Lackierung des Wagens. Mit gelegentlich im Sportwagenbau verwendeten Karosserien aus glasfaserverstärktem Kunststoff, die als zusammenhängende Form hergestellt werden, hat der Aufbau des Trabant nichts zu tun.

Die Verwendung des ganz speziellen Werkstoffes Duroplast ist deshalb so typisch für die Geschichte dieses Autos, weil sich darin bei näherer Betrachtung vielschichtige Informationen verbergen. Da ist einmal die Geschichte der beiden deutschen Staaten in der Nachkriegszeit, ihr Eingebundensein in den Kalten Krieg, der Wettlauf um das bessere Gesellschafts- und Wirtschaftssystem. Weil die DDR in den frühen fünfziger Jahren über keine eigene Stahlproduktion verfügt und die Stahlproduzenten in den westlichen Staaten, vor allem in der Bundesrepublik, keinen Walzstahl für die Karosseriebleche liefern wollen oder dürfen, braucht die Autoindustrie der DDR einen Ersatzstoff. Die chemische Industrie steht dafür zur Verfügung.

In dreifacher Hinsicht ist die Duroplast-Beplankung der Karosserie bemerkenswert:

- Dass Spezialisten bei Audi und Horch diesen Stoff relativ schnell erfanden und später zur Verwendung in der Serie weiterentwickelten, spricht für ihre Fähigkeiten. Sie hatten eine Pionierleistung vollbracht, von der damals noch niemand wusste, ob sie den Automobilbau revolutionieren würde. Sie tat es nicht, weil es später keine Stahlknappheit mehr gab und weil Nachteile des Stahls, vor allem dessen Neigung zur Korrosion, beherrscht wurden.
- Dass das Werk die völlig neuartigen Maschinen selbst herstellen musste, beschreibt die kuriose

Nachgestellt im Museum: Der Universal wartet auf weitere Beplankung. Foto: Heinz-Toni Sesterheim

Situation in den frühen fünfziger Jahren, als der sehr leistungsfähige Werkzeugbau in der DDR ausschließlich exportieren musste, um entweder Reparationslieferungen an die Sowjet-Union oder Devisengeschäfte mit dem Westen zu leisten. Die eigene Industrie ging leer aus.

• Dass der Trabant bis zum Schluss in Duroplast kam und in nach internationalem Maßstab zunehmend unrentablen Stückzahlen gebaut wurde, ist wiederum ein Beleg für die starre Wirtschaftslenkung im Sozialismus. Neben dem Zweitaktmotor hat die für das Empfinden der achtziger und neunziger Jahre mehr als eigentümliche und sonst nirgends angewendete Bauweise die zunehmende technische Rückständigkeit des Trabant dokumentiert.

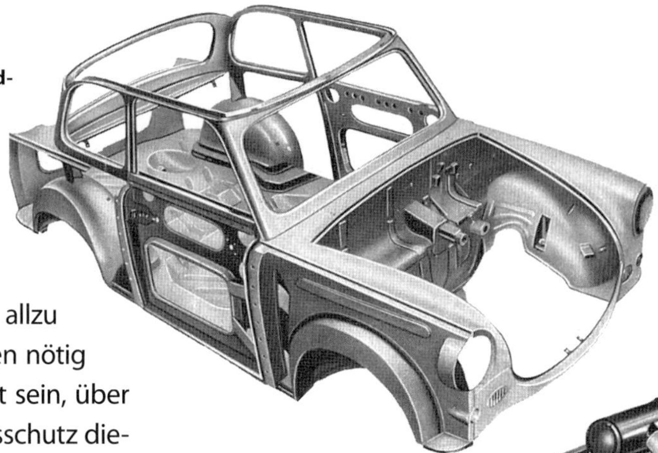

Die selbsttragende Karosseriestruktur ist Grundlage für die Technik der Duroplast-Beplankung.

Gesucht wurde seinerzeit ein Material, das in der DDR zu beschaffen war, das sich gut bearbeiten ließ und das keine allzu großen Investitionen in neue Maschinen nötig macht. Außerdem sollte der Stoff leicht sein, über hohe Elastizität verfügen, als Korrosionsschutz dienen und geräuschdämmend wirken. Das sind hohe Anforderungen an einen einzigen, neu zu entwickelnden Stoff. Dennoch gelingt es am Ende sie zu erfüllen, und es ist kein Wunder, dass mehrere in- und ausländische Patente im Zusammenhang mit dem Duroplast eingetragen werden können. Die Erfindung fand seinerzeit in aller Welt große Beachtung, niemand war sich sicher, ob man Ähnliches bald nicht selbst brauchen würde. Im Oktober 1953 ist Zwickau so weit. Vorher hatten Versuche mit anderen Materialzusammensetzungen zu Fehlschlägen geführt. Motorhauben für den IFA F8 oder Türen für den Lastwagen H 3A waren zwar möglich geworden, nicht jedoch eine sinnvolle Karosseriefertigung. Was aber nun auf den Beinen steht, ist die voll einsatzfähige Duroplastfertigung für den Trabant, zuvor ausprobiert zunächst am P 70.

Schritte der Fertigung

Und so funktioniert die Duroplast-Herstellung: Fünf Schichten Baumwollfasern werden in einer Krempelmaschine jeweils zu einem fellartigen Stoff, einem Vlies, verarbeitet. Jede Schicht wird in der zweiten Station der Herstellung mit Phe-

Die zugeschnittenen Vliese werden manuell in die Pressen eingelegt. Foto: Archiv Automobilmuseum Zwickau

Maschinell und von Hand läuft die Arbeit bei der Duroplast-Herstellung ab. Auf dem großen Bild kommen die Baumwollvliese zur Harzaufnahme und werden weiter zur Legeeinrichtung gebracht. Der Arbeiter im kleinen Bild beplankt die Tür. Fotos: Archiv Automobilmuseum Zwickau

nolharzteilchen bestreut. Die Legeanlage, die dritte Station, legt die verschiedenen Schichten übereinander. Anschließend wird das so entstandene Vormaterial – es besteht aus 46 Prozent Baumwollfasern, 52 Prozent Phenolharz und zwei Prozent Trennmaterialien – unter einer Druckwalze hindurch geführt und in Längs- und Querrichtung in passende Stücke geschnitten. Die Vliesstraße – im Werk existieren deren vier – bildet bei der Entwicklung und der Weiterführung während schon laufender Produktion den großen Schritt zur Rationalisierung.

Der Pressvorgang wird eingeleitet durch das manuelle Einlegen des geschnittenen Vormaterials. Das obere Gesenk der Oberdruckpressen besteht aus Hartgummi, das untere aus Stahl. Beide werden mit 180 Grad Celsius heißem Wasser beheizt. Die Heizzeit beträgt sechs Minuten, zusammen mit der Abkühlung dauert der Pressvorgang acht Minuten. Temperatur und Druck (400 Tonnen) verbinden dabei Baumwolle und Phenolharz zum gewünschten Material, das in seine endgültige Form gepresst wird. Zehn Außenteile weist die Beplankung der Trabant-Limousine 601 auf: Kühlerattrappe, Vorderkotflügel, Motorhaube, Türen, Dach, Hinterkotflügel und Kofferraumklappe. Um Duroplastteile miteinander zu verbinden, findet man, nachdem zunächst mechanische Halterungen benutzt werden, geeignete Klebstoffe aus DDR-Produktion. Über die Vliesstraßen laufen im Jahr bis zu 5000 Tonnen Vormaterial, aus den Pressen kommen maximal 1,5 Millionen Kunststoffaußenhautteile. Allerdings existieren anfangs nicht für alle Teile geeignete

Damit niemand glaubt, der Trabant sei ein „Plastikauto": Auf das Stahlgerippe kommen die geformten Duroplastteile.

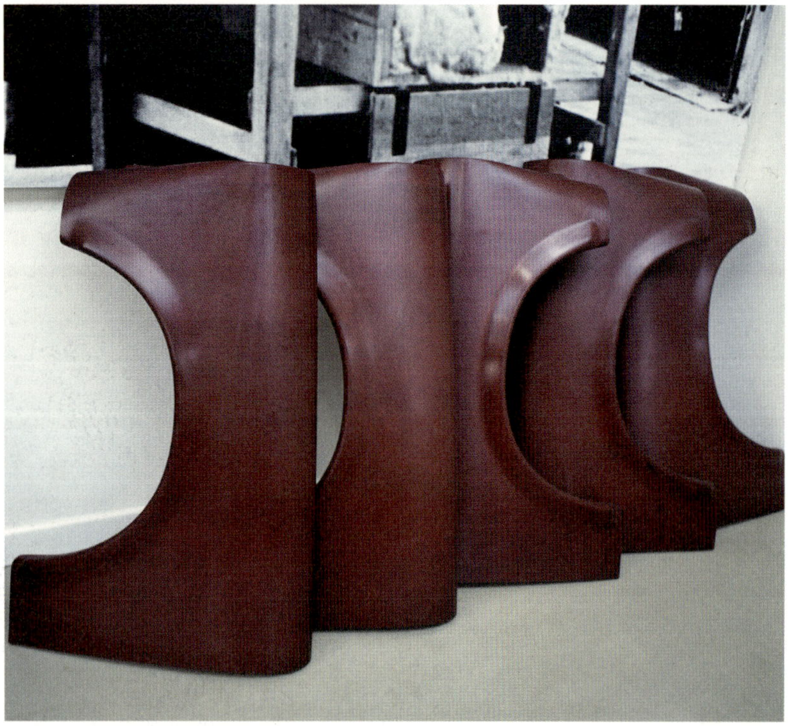

Vordere Kotflügel kurz nach dem „Backen".

Pressen. So hat zum Beispiel der Kombi des P 60 ein Dach aus Stahl.

Waren die Stückzahlen bei dieser Fertigungsmethode begrenzt? Dazu gibt es verschiedene Auffassungen. Wissenschaftliche Untersuchungen ergaben seinerzeit unterschiedliche Rechnungen (Rentabilität bei 80.000 oder 180.000 Einheiten im Jahr), das Werk selbst stellt in einem Bericht des Jahres 1979, als es um eine mögliche Umstellung auf Stahlblech ging, einen Kostenvorteil des Duroplast gegenüber Stahlblech von rund 2:1 bei einem Jahresausstoß von 160.000 Einheiten fest. Was bleibt, ist eine unrentable Stückzahl von maximal 150.000 Fahrzeugen im Jahr, ein Wert, mit dem kein Kleinwagenproduzent auf Dauer rentabel umgehen kann.

Duroplast hat aber auf jeden Fall die erhofften und gewünschten Eigenschaften. Wie Wolfgang Barthel, von 1951 bis 1986 Leiter der Entwicklungsstelle Pressstoffe im Forschungszentrum WTZ Automobilbau (so heißt ab 1963 die Nachfolgeinstitution der zentralen Forschungsstelle ZEK) und somit dem „Vater" dieser Technik, sich später erinnert, ergaben ausführliche Testfahrten in extremen Klimalagen von Ägypten und China sowie am Mittelmeer und am nördlichen Polarkreis eine sehr hohe Strapazierfähigkeit, die sich bis heute in der unbestrittenen Haltbarkeit auch bei sehr alten Exemplaren des Trabant niederschlägt. Die Fertigmasse aller Kunststoffteile ist niedrig, sie wiegen nicht mehr als 32 Kilogramm bei der Limousine 601 und 32,4 Kilogramm beim Universal.

Mit zu entwickeln hatte man auch die Reparaturmöglichkeit kleinerer Schäden. Kratzer und Schrammen an der Oberfläche werden mit speziellem Kleber verfüllt, wobei zuvor die Oberfläche aufgeraut und anschließend mit Schleifpapier glattgeschliffen werden muss. Risse und Sprünge, auch nach dem Einfügen abgebrochener Stücke, lassen sich ebenfalls mit Klebstoff beheben, wobei unter der schadhaften Stelle von innen ein Stück Blech angebracht werden sollte. Das sind Eigenschaften, die die Trabant-Fahrer an ihrer „Pappe" immer sehr schätzten. Und dass sie bei der schlechten Ersatzteillage und bei der Rostanfälligkeit der anderen Personenwagen bis in die siebziger Jahre hinein wenigstens an den äußeren Karosserieteilen vom Rostfraß verschont blieb, darf ebenfalls nicht unbeachtet bleiben.

Zeitgeschichte 1966-1969

1966

In Houston (USA) gelingt erstmals die Implantation eines künstlichen Herzens.
Die Beatles starten in München ihre Deutschland-Tournee.
England wird Fußballweltmeister nach dem 4:2-Endspielsieg gehen die Bundesrepublik Deutschland (30. Juli).
Nach dem Rücktritt von Ludwig Erhard wird Kurt Georg Kiesinger (CDU) neuer Bundeskanzler. Er bildet mit der SPD eine große Koalition (1. Dezember).

1967

3. Mai: In der DDR Einführung der Fünf-Tage-Arbeitswoche . Die Wochenarbeitszeit sinkt von 45 auf 43,75 Wochenstunden, für bestimmte Gruppe auf 42 Stunden. In der Bundesrepublik haben rund ein Drittel der rund 15 Millionen Arbeitnehmer die 40-Stunden-Woche. Zwei Millionen arbeiten 41 Stunden, die anderen 42 Stunden (Angestellte) sowie 43 Stunden (Beamte). Für mehr als 50% gilt eine Fünf-Tage-Woche, die anderen arbeiten in der Regel jeden zweiten Samstag. Die 40-Stunden-Woche für den öffentlichen Dienst wird erst 1974 eingeführt.
Während eines Tests gerät das amerikanische Raumschiff Apollo 1 in Brand und reißt drei Astronauten in den Tod (27. Januar).
Vor England läuft ein liberianischer Öltanker auf Grund und verursacht die erste Ölpest an einer europäischen Küste (18. März).
Die erste Verkehrsleitzentrale wird in München in Betrieb genommen, sie kostet 1,2 Millionen DM.
In New York demonstrieren 125.000 Amerikaner an der Seite von Martin Luther King gegen den Vietnamkrieg.
Am 5. Juni eröffnet Israel den siegreichen Sechstagekrieg gegen arabische Länder, es ist die dritte Auseinandersetzung dieser Art.
In Berlin wird gegen den Besuch des Schah von Persien demonstriert. Dabei wird der Student Benno Ohnesorg von der Polizei erschossen, rund 60 Demonstranten werden zum Teil schwer verletzt – das Ereignis ist Auslöser der Studentenunruhen in der Bundesrepublik (2. Juni).
ARD und ZDF beginnen mit der Ausstrahlung von Sendungen in Farbe (25. August).
In Kapstadt wird erstmals erfolgreich ein Herz verpflanzt (3. Dezember).

1968

In der Bundesrepublik wird die Mehrwertsteuer eingeführt.
In Memphis (USA) fällt am 4. April der Bürgerrechtler Martin Luther King einem Attentat zum Opfer.
Das größte Luftkissenboot der Welt (39 m lang und 10 m breit) nimmt den Fährbetrieb über den Ärmelkanal auf.
20/21. August: Truppen der Nationalen Volksarmee (NVA) nehmen am Einmarsch der Warschauer-Pakt-Staaten in die Tschechoslowakei teil – für zahlreiche Intellektuelle in der DDR Anlass, sich aus Protest von Staat und Partei abzuwenden.
Richard Nixon wird der 37. Präsident der USA (5. November).
Das sowjetische Verkehrsflugzeug Tupolew TU-114 erreicht die Rekordgeschwindigkeit von 2443 km/h.

1969

In den USA absolviert am 9. Februar das größte bis dahin gebaute Passagierflugzeug, eine Boeing 747, ihren Jungfernflug.
Gustav Heinemann wird zum neuen Bundespräsidenten gewählt (5. März).
Am 20. Juli Mondlandung der amerikanischen Raumkapsel „Apollo 11". Die Astronauten Neil Armstrong und Edwin Aldrin sind die ersten Menschen, die den Mond betreten – ein historisches Ereignis.
In den USA findet das legendäre Woodstock Festival statt (15. bis 17. August).
Bei der Bundestagswahl am 28. September erhalten SPD und FDP zusammen die Mehrheit, Willy Brandt (SPD) wird Bundeskanzler.

Kapitel 4

Neue Optik, kaum Fortschritte
Trabant 601

Vorläufiges Outfit zur Premiere: Mit dieser Seitenlinie wird der Trabant P 601 erstmals gezeigt, geht so aber nicht in Serie. Foto: Archiv Automobilmuseum Zwickau

Wer genau hinschaute – und die Fachwelt tat es bestimmt – konnte in der Premiere des neuen Trabant 1963 bereits den Wendepunkt in der Entwicklung der Marke sehen. Und das, obwohl die Premierenfeier durchaus positiv verlief, das neue Auto von der DDR-Öffentlichkeit freundlich aufgenommen wurde. Dabei schlug sich wohl vor allem die Wirkung der äußeren Veränderungen nieder. Im Kern handelt es sich beim Trabant P 60/1 – daraus wird schnell P 601 – um den Trabant 600 und genau das ist das Verhängnisvolle: Statt eines neuen, zeitgemäßen Autos, das man gebraucht hätte, kommt ein erneuertes altes.

Aber diese Lösung entspricht exakt der Grundforderung der sozialistischen Wirtschaftsplaner in der Regierung, nämlich auf dem Vorhandenen aufzubauen und dabei möglichst geringe Folgekosten zu verursachen. Und weil sich die Fertigungsanlagen für die Bodengruppe noch nicht amortisiert haben, gibt es die klare Direktive, hier keine Änderungen vorzunehmen.

Diese Vorgabe setzt das Werk optimal um. Der neue Trabant hat ein völlig neues, wiederum ei-

genständiges Erscheinungsbild – es sollte halten bis zum bitteren Ende gut 27 Jahre später. Schon zur Premiere steht der Trabant 601 im internationalen Vergleich auf verlorenem Posten. Weltweit schrumpfen Angebot und Nachfrage für echte Kleinwagen, mehr Platz und ein Viertaktmotor wären das Gebot der Stunde gewesen, was man im Werk sehr genau weiß und beim Prototypenbau auch zeigt.

Trotzdem gibt es Fortschritte am P 601 innerhalb der Weiterentwicklung unter eingeschränkten Bedingungen. Davon profitieren eindeutig die Fondpassagiere und die Urlauber. Der Längenzuwachs von 18 Zentimetern kommt fast ausschließlich dem hinteren Überhang zugute, zu einem geringen Teil beanspruchen die neu geformten Stoßstangen die zusätzlichen Zentimeter. Deutlich mehr Knie-und Kopffreiheit lassen hinten zwei Erwachsene weit bequemer mitfahren als bisher. Zwar beschert die Karosserie rein rechnerisch nur ein Plus von zehn Millimetern an Kniefreiheit und 37 Millimetern an Kopffreiheit zur Decke hin, dank der verbesserten Sitzposition entsteht aber zusätzlich ein um 80 Millimeter größerer Abstand zur weiter hinten angesetzten Heckscheibe. Für einen Kleinwagen lässt sich nicht mehr herausholen, zumal der Radstand ja unverändert bleiben musste. Das jetzt weitgehend gerade verlaufende Dach gibt insgesamt ein neues Raumgefühl. Der Kofferraum ist gegenüber dem 600 um 12 Prozent angewachsen. Leider ist das Werk aber von der weit nach unten reichenden Kofferraumklappe des Vorgängers abgekommen und hat eine hohe Ladekante geschaffen, insofern stellt der 601 sogar einen Rückschritt dar. Kurbelfenster, neue Türgriffe mit Druckknopf und die jetzt serienmäßige Scheibenwaschanlage sind andere, nicht unwesentliche Weiterentwicklungen.

Im Stil der Zeit

Stilistisch gekonnt ist der Trabant dem Zeitgeschmack nachempfunden. Eckige, sogar trapezförmige Linien sind Trumpf im internationalen Automobilbau. Der 601 folgt dem und gibt eine gute Figur ab. Die großen, gegenüber dem 600 um 26 Prozent angewachsenen Fensterflächen schaffen nicht nur eine für Kleinwagen erstklassige Rundumsicht, sondern wirken auch gestalterisch sehr positiv. Das zu den Seiten hin leicht abgerundete Dach hat Regenrinnen und eine Abrisskante, die hinteren Kotflügel münden wie kleine Heckflossen in die neuen, großen Leuchten. Am wenigsten ändert sich an der Frontpartie. Dass der 601 die vorderen Kotflügel des 600

Klare Linien und Kanten, ganz im Stil der Zeit, der die Trapezform bevorzugt. Der Fotohintergrund verstärkt geschickt die Wirkung des Designs.
Foto: Archiv Automobilmuseum Zwickau

Ein früher Trabant P 601 mit dem Sachsenring-Zeichen auf dem rauen Fliegengitter. Letzeres erweist sich bei der Wagenpflege als unpraktisch und wurde später fallen gelassen.
Foto: Archiv Automobilmuseum Zwickau

Das klar gestaltete Heck harmoniert gut mit dem Gesamteindruck des Wagens. Außerdem beschert es einen relativ großen Kofferraum. Archiv Automobilmuseum Zwickau

trägt, fällt aber erst auf den zweiten Blick auf. Die jetzt flacher verlaufende Motorhaube und der breite, von Chrom umfasste Grill mit dem großen Sachsenring-Zeichen in der Mitte bestimmen das Gesicht des neuen Trabant. Allerdings reicht auch die Fronthaube nicht mehr bis zur Stoßstange, dafür lässt sich aber das Mittelteil für Servicearbeiten am Motor leicht entfernen.

Technisch ist der 601 nahezu unverändert. Maßnahmen zur Geräuschdämmung und eine Leistungssteigerung der Heizung sind neu in die Serie eingeflossen. Offenbar hat es das Werk geschafft, trotz der voluminöseren Karosserie etwas Gewicht einzusparen. Jedenfalls gibt der erste Prospekt für den 601 ein Eigengewicht von 615 Kilogramm (beim 600 waren es 620 Kilogramm) und ein zulässiges Gesamtgewicht von 1000 Kilogramm (950) an. Die Innenausstattung wird vom Vorgänger – leicht angereichert – übernommen. Die alte Armaturentafel muss aber noch eine Weile dienen. Als einzigen zusätzlich verfügbaren Luxus nennt der Prospekt verchromte Stoßstangen und eine Zusatzheizung für extreme klimatische Bedingungen.

Noch 1963 entsteht in Zwickau eine Nullserie von 110 Fahrzeugen. Ganz ungewöhnlich die erste öffentliche Präsentation: Auf der Ausstellung des „Zentralen Klub der Jugend und Sportler in Berlin" zum VI. Parteitag der SED will die Autoindustrie der DDR ihre Leistungsfähigkeit unter Beweis stellen und zeigt unter anderem den 601, hier noch mit einem breiten seitlichen Zierstreifen, der in der Serie entfällt. Eine zweite Nullserie von 23 Fahrzeugen folgt im ersten Halbjahr 1964, ehe nach Auslauf des 600 zum 30. Juni die Produktion voll startet.

Im „Mondschein" unter der Laterne ... mit dem Trabant kann es durchaus romantisch zugehen, wie das Werbefoto aus der frühen Zeit zeigt. Foto: Archiv Automobilmuseum Zwickau

Dank Frontantrieb gestaltet sich der Aufbau des Trabant kompakt, der Innenraum ist nicht durch Technik eingeschränkt. Ein DKW-Erbe stellt die Querblattfeder hinten dar. (Prospektabbildung)

Ein geräumiger Kleinwagen ist der P 601 Universal. Seine große Heckklappe bewährt sich im täglichen Einsatz. Hier eine Version aus den letzten Produktionsjahren, zu erkennen unter anderem an Rückfahrscheinwerfer und Nebelschlussleuchte. Foto: Archiv Automobilmuseum Zwickau

TG 86-42

Das Antlitz dieser freundlichen Dame stimmt künftige Trabant-Fahrer auf den 601 ein – ein über Jahre auch in der DDR verwendetes Prospektmotiv.

Viele kleine Schritte der Weiterentwicklung

1965

Während der Kombi noch in alter Form vom Band läuft, erfährt das Bauprogramm des 601 eine erste technische Ergänzung. Der Hycomat ist geboren, ein Kupplungsautomat, wie er in den sechziger Jahren auf dem Automobilmarkt häufiger anzutreffen ist, sich letztlich aber nicht durchsetzt. Im Trabant 601 H dient diese Technik in der Hauptsache als Grundausführung eines behindertengerechten Fahrzeugs. Ein Hydraulikaggregat übernimmt dabei, aktiviert über einen Elektrokontakt nach Berührung des Schalthebels und in Abhängigkeit von der Motordrehzahl, das Ein- und Auskuppeln. Über den Druck auf das Gaspedal kann der Fahrer die Kraft beim Anfahren dosieren. Verfeinerungen der Innenausstattung aller Modelle bringen ein rechteckiges Kombiinstrument für die Armaturenanlage und einen abblendbaren Innenspiegel. Als allererste technische Weiterentwicklung erhält der 601, einer internationalen Einbauvorschrift folgend, Befestigungspunkte für Dreipunkt-Sicherheitsgurte.

Lang erwartet und freudig begrüßt geht der neue Kombi, nun Universal genannt, im dritten Quartal in Serie. Noch mehr als bei der Limousine bringt die Karosserie des 601 hier einen Fortschritt in der Raumausnutzung. Der längere Überhang hinten und die angewachsene Fahrzeughöhe kommen dem Laderaum ebenso zugute wie das gegenüber dem Vorgänger flacher gehaltene Dach. Aus der Hecktür ist eine nach oben öffnende Heckklappe geworden, so dass der Trabant Kombi sich jetzt bequem beladen lässt. Eine kleine Ladekante ist aber geblieben, die Klappe reicht nicht bis auf den Gepäckboden. Bei umgeklappter Rückbank bietet der Trabant Universal ein Ladevolumen von 1400 Litern. Die Nutzlast beträgt bei zwei Passagieren 260 Kilogramm, fahren vier Erwachsene mit, bleiben noch 95 Kilogramm für Gepäck. Die lange hintere Seitenscheibe steht dem Universal gut, die als dezente Heckflossen gestalteten hinteren Kotflügelabschlüsse mit den großen Lichtern passen zusammen mit der im Heckbereich leicht

Erste Schritte der Aufwertung zeigen diese beiden 601: Der Typ S (Universal, links) erhält den glattflächigen Kühlergrill, der S de luxe außerdem verchromte Stoßstangen.

abfallenden Dachlinie ins Bild. Im Gegensatz zur Limousine strahlt der Universal im Design eine gewisse Großzügigkeit aus. In der Tat ist der Kombi für einen Kleinwagen sehr geräumig. Entsprechend begehrt ist er auf dem DDR-Markt, vor allem als Basis für den populären Camping-Urlaub. Zum Leidwesen der Kundschaft bleibt der Anteil des Universal an der Produktion des 601 mit rund 20 Prozent immer gering. Ein Grund dafür liegt in der umständlichen Produktionsweise. Die Kombikarosserien entstehen im 20 Kilometer entfernten Karosseriewerk in Meerane, werden dort fertig lackiert, aber ohne Fahrwerk und Antrieb, per Gabelstapler (!) auf Spezialtransporter gehievt und nach Zwickau gebracht – für Spötter die „längste Taktstraße der Welt".

1966

Das Grundprogramm steht, die Entwickler können sich um Feinheiten kümmern. Diesmal sind auch die Marketing- und Finanzexperten beteiligt. Sie schaffen drei Abstufungen in der Ausstattung, außer dem 601 gibt es jetzt den 601 S und den 601 de luxe, die allerdings erst im April 1967 in Serie gehen. Die Varianten S (Sonderwunsch) und de luxe haben wiederum verbesserte Sitze, neue Federn und Polsterstoffe erhöhen außerdem den Komfort. Das Zündschloss ist mit einem Lenkschloss kombiniert, ein elektromagnetischer Abblendschalter ist an der Lenksäule platziert. Beide Wagen tragen ihren Luxus mit einem neuen, glattflächigen Kühlergrill zur Schau, der de luxe zusätzlich mit verchromten Stoßstangen, farblich abgesetztem Dach und zweifarbiger Innenverkleidung. Drei Dinge erhält auch die Standardversion im Rahmen der recht umfangreichen Überarbeitung. Die wartungsfreien Spurstangengelenke sind dabei die wichtigste Neuerung. Sie verringern nicht nur den Wartungsaufwand, sondern halten auch länger und sind schneller austauschbar. Licht und Scheibenwischer werden jetzt über einen Drehknopf bedient. Dankbar werden insbesondere Urlauber die dritte kleine Weiterentwicklung registriert haben: die Kofferraumklappe der Limousine verharrt jetzt „unaufgefordert" in geöffneter Stellung. Bislang hatte man sie mit beiden Händen umständlich arretieren müssen.

Überraschend erhält die Trabant-Familie noch einmal Zuwachs. Der Trabant Kübel ist da, zunächst ein Patrouillenfahrzeug für die Nationale Volksarmee (NVA). Als „Grenz-Trabant" sollte er es zu eher zweifelhaftem Ruhm bringen, war doch sein Einsatz entlang der DDR-Sperrzone auch aus dem Blickwinkel des Westens unübersehbar. Außerdem hat die Forst- und die Energiewirtschaft Bedarf und in einer zivilen Variante soll er als „Tramp" auch in den Export gehen (siehe Seite 54). Im Prinzip ist der Tramp ein pfiffiges Einfach-Cabrio ohne Türen. Als Freizeitauto wird es später auch Liebhaber finden. Den Wetterschutz bildet eine Faltverdeck-Konstruktion einschließlich einknöpfbarer Türen. Zunächst hat der Tramp ein abgeschrägtes Heck, später fällt es fast senkrecht ab und nimmt das Reserverad mit auf, das dann auf der neuen, sehr robusten Stoßstange ruht. Das Heck fällt durch seine einfache Gestaltung auf und besteht aus Blechteilen.

1 Die Ausstattung des Fahrzeuges mit einer eingebauten Vollhandbedienung garantiert eine kombinierte Handbedienu des Fahrers für Bremse und Gas. Gleichzeitig entfällt eine manuelle Betäti- gung der Kupplung aufgrund der einge- bauten Kupplungsautomatik „Hycomat".

Die Kraftstoffhahnfernbetätigung garantie in ihrer Auslegung, daß eine Verstellung problemlos durch den Versehrten erfolger kann.

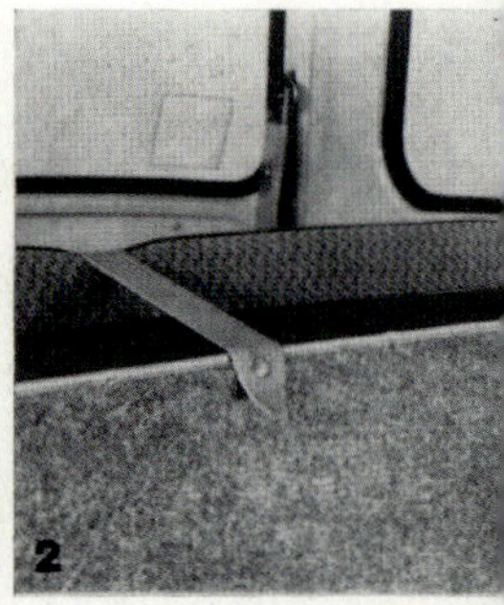

2 Die hintere Sitzbank des Trabant ist s angelegt, daß sie nach hinten geklappt u mit Hilfe eines Haltebandes gesichert we den kann. Somit ist genügend Platz für d Unterbringen eines Rollstuhles gegeben.

Der Trabant 601 ist stets und ständig Ihr zuverlässiger Partner.
Wir bieten Ihnen nicht nur Merkmale typischer Automobiltechnik wie Frontantrieb, gewichtssparende Bauweise und Robustheit, sondern ein Fahrzeug, das jedem Freude am Fahren bieten kann.
Einfach deswegen fertigen wir ein Fahrzeug für diejenigen, die auf einen Rollstuhl angewiesen sind und denen bisher das Führen von herkömmlichen PKW nicht möglich war – ein Fahrzeug, das von einem Versehrten ebenso gut wie von jedem anderen zu fahren ist, den
PKW Trabant 601 universal Hycomat
mit Versehrtenpaket,
den wir Ihnen hier vorstellen möchten.

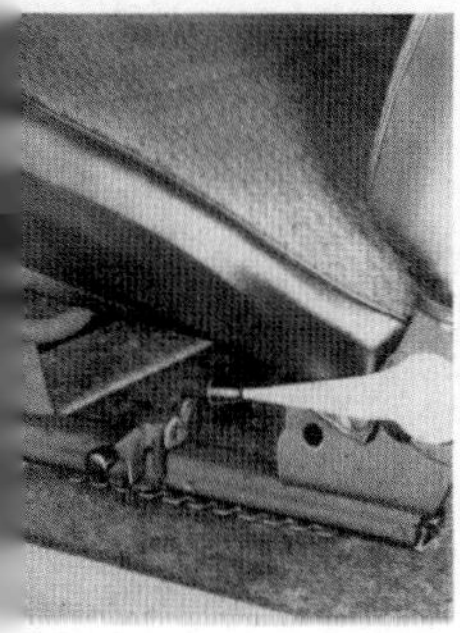

ie Einstellung des Fahrersitzes ;chiedene Höhen wird eine indivi- ;tellung des Sitzes je nach Körper- Versehrten gewährleistet. Gleich- licht die Sitzschiene des Fahrer- extrem große Verschiebung ı.

rgeklappt bietet die hintere Sitz- ichend Platz für 2 Personen.

ıstige Hinüberwechseln vom das Fahrzeug wird durch die eines Zusatzkissens am Bei- jewährleistet.

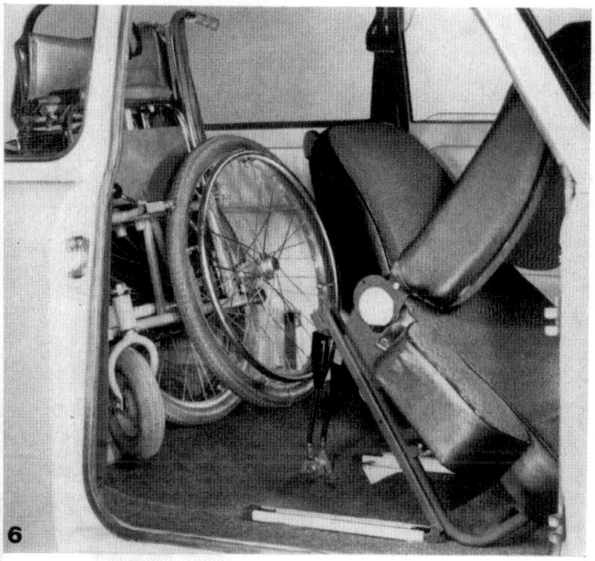

6 Der rechte Sitz ist nach vorn klappbar und kann mit einer Stütze, die am Sitzgestell angebracht ist, gesichert werden. Der Klappmechanismus ist vom Fahrersitz aus zu bedienen und arretiert den Sitz in Normalstellung. Damit ist es möglich, einen zusammengeklappten Rollstuhl vom Fahrersitz aus in den Fond des Fahrzeuges zu ziehen.

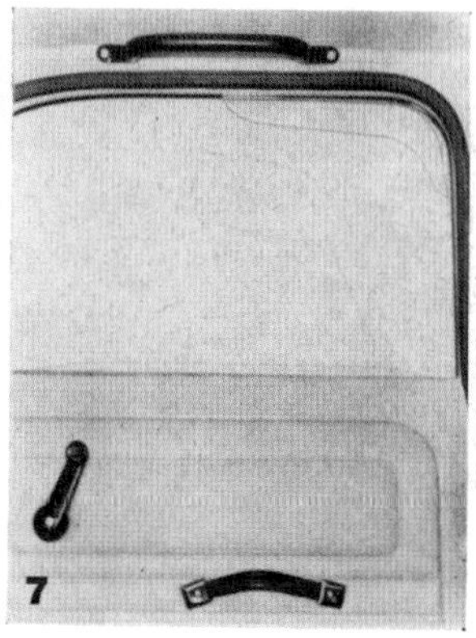

7 Haltegriffe, die rechts und links über der Tür angeordnet sind, ermöglichen dem Versehrten einen zusätzlichen Halt beim Ein- und Aussteigen.

Klug durchdacht und eine echte Hilfe für Menschen, die auf den Rollstuhl angewiesen sind: Die Spezialanfertigung nutzt das kupplungsfreie Schalten des Hycomat, hat Handgas und bietet Platz für den Rollstuhl.

1967

Die Sicherheit steht im Vordergrund. Der Trabant erhält leistungsfähigere Trommelbremsen, die sich zudem mit weniger Kraftaufwand bedienen lassen. Vorn sind nun Duplex-Bremsen eingebaut. Sie haben zwei Hauptbremszylinder im Gegensatz zu den hinten weiter verwendeten Simplex-Bremsen. Letzter Zuwachs der Trabant-Familie: der Lieferwagen lebt wieder auf, in kleiner Stückzahl geht er in den Westexport.

1968

Im Frühjahr ersetzt ein neuer Rundtachometer das Rechteckinstrument. Die Anbringung der Sicherheitsgurte erfordert Nacharbeit der Entwicklungsingenieure, jetzt werden die Gurte fest verschraubt an einer Gewindeplatte unterhalb der Fenster. Bis dahin waren sie dem Wagen beigelegt! Die Motorhaube erhält eine Schalldämmmatte.

1969

Drei PS mehr, das ist die Botschaft dieses Jahrgangs, eingeführt allerdings noch im Dezember 1968. Der Zweizylindermotor hat damit die Endstufe seiner Leistungsentfaltung erreicht. An der Höchstgeschwindigkeit ändert sich nichts, der Trabant mit 26 PS ist aber temperamentvoller geworden. In der Beschleunigung bis 80 km/h ermittelt die KFT eine deutliche Verbesserung, statt in 24,2 schafft der Trabant dies nun in 19,5 Sekunden. Erreicht wird die Steigerung durch Änderungen der Kanalform im Zylinder, Optimierung des Vergasers und eine bessere Abstimmung des Auspuffsystems auf den Verbrennungsvorgang. Äußerlich erkennt man den 26-PS-Trabanten an den Lüftungsschlitzen in der C-Säule und am Kühlergrill ohne das Sachsenring-S. Die Scheibenwaschanlage wirft die veraltete Zugpumpe über Bord und bedient sich jetzt einer Druckpumpe. Verfeinerungen bei der Kupplung und der Federung runden das Neuheitenpaket ab.

1970

In diesem Jahr dreht sich viel um die Geräuschminderung. Schallschluckhaube am Motor, Antidröhnmasse am Ableitungsblech des Kühlluftgehäuses und ein neuer Heizungsgeräuschdämpfer bringen die Werte von 83 dB(A) auf 80 dB(A). Kombifahrer werden zusätzlich entlastet durch noch mehr Antidröhnmasse und Filzmatten.

1971

Im Werk wird in den Korrosionsschutz investiert. Die elektrophoretische Tauchgrundierung für das Karosseriegerippe verbessert die Qualität und vermindert den Arbeitsaufwand. Auf mehr Interesse in der Öffentlichkeit stoßen die neuen Sitze. Formsitze nennt sie Sachsenring, sie sind anatomisch günstiger geformt, haben eine individuelle Rückenlehneneinstellung, austauschbare Bezüge und sind auf die Wirkungsweise der Sicherheitsgurte ausgerichtet.

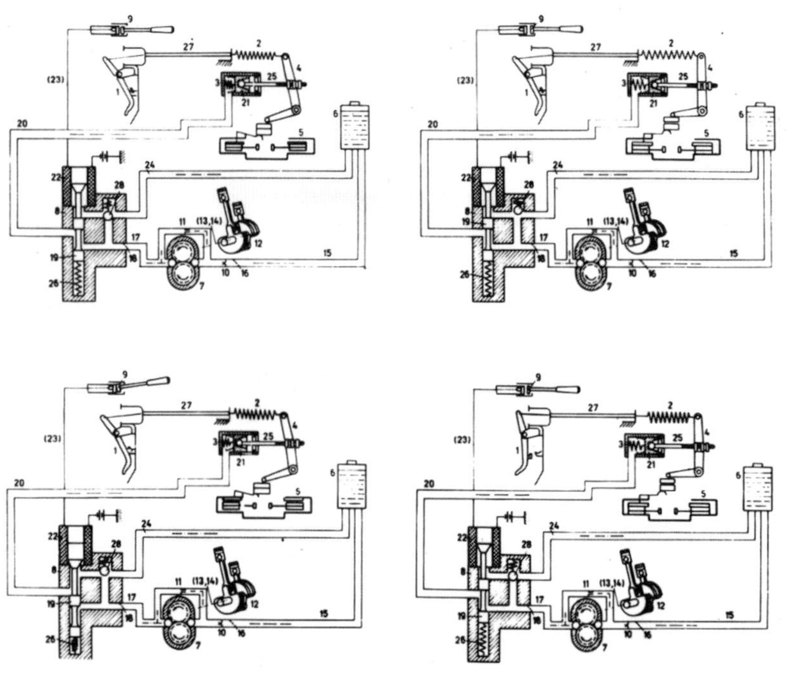

Arbeitsweise des Hycomat – der Kupplungsautomat gehört schon seit 1965 als Option zur technischen Ausrüstung des Trabant.

Wie viel Platz ist im Trabant? Entweder sind die Koffer auf dem Pressefoto sehr klein oder es können kaum noch Passagiere zusteigen …

1972

Eine leistungsfähigere Zündspule, neue Zündkerzen und eine geänderte Lichtmaschine lassen den Wagen bei Kälte besser starten und generell die Batterie schonen. Neue Kunststoffe sollen in der Innenausstattung eine Verbesserung bringen und erregen immerhin Aufmerksamkeit.

1973

In kleinen Schritten geht es weiter. Jetzt ist auch die Lenksäule verkleidet! Die Scheibenwischer arbeiten effektiver dank Intervallschaltung (Sonderwunsch), die Türverriegelung lässt sich besser handhaben. Die Heizung wird wieder ein Stück weitergebracht. Geringfügig vergrößert hat sich der Aktionsradius dank eines um zwei Liter größeren, jetzt 26 Liter fassenden Tanks.

1974

Fortschritt in der Zweitakttechnik: die neue Lagerung der Kolbenbolzen ermöglicht ein günstigeres Mischungsverhältnis Öl zu Kraftstoff, nämlich 1:50 statt 1:33. Sicherlich für den Nutzer eine willkommene Neuerung, die außer der Haushaltskasse auch die Umwelt etwas entlastet. Die Änderungen im Motor erlauben darüber hinaus eine andere Antriebsübersetzung, die Hochstgeschwindigkeit steigt auf 108 km/h an. Ein Relikt aus der Entstehungszeit des Trabant wird in diesem Jahr teilweise abgelöst: die Armaturenbretter der Versionen S und de luxe werden gründlich überarbeitet, nur der einfache Trabi behält die alte Fassung. Das Rundinstrument der neuen steckt nun unter einer als Blendschutz dienenden Schaumauflage. Die Gestaltung ist einheitlich

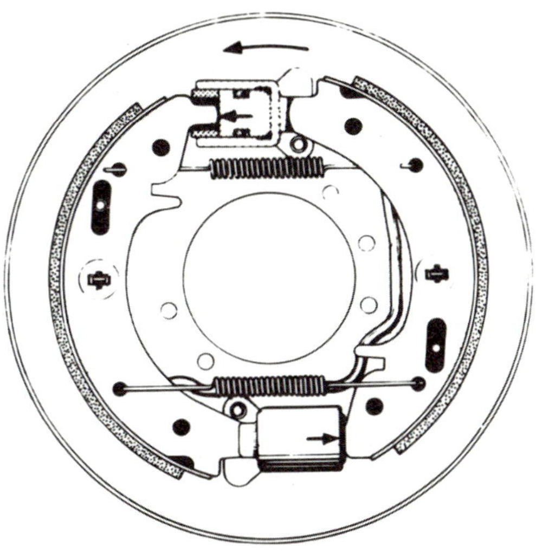

Duplexbremse

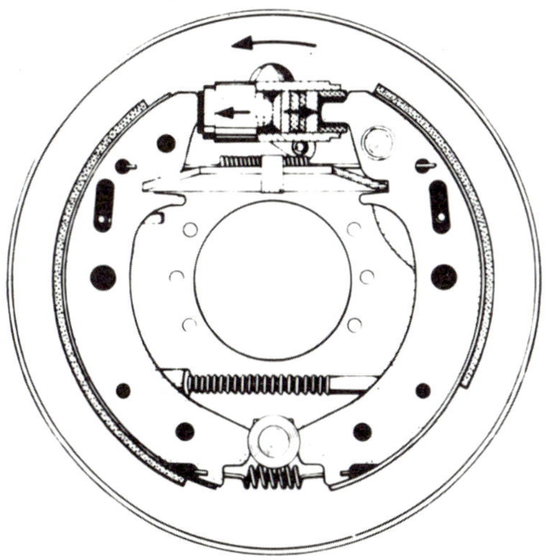

Simplexbremse

Bremswirkung verbessert: Die Duplexbremse hat ein Spannelement pro Bremsbacke, während die Simplexbremse mit einem auskommen muss.

Private Nutzung nur für Kunden im Westen: Der Trabant Tramp, in der DDR bei der Armee und in der Forstverwaltung eingesetzt, erfüllt zur selben Zeit in Griechenland Freizeitträume – hier eine Prospektabbildung.

und schließt eine großflächige Ablage mit ein. In Anpassung an internationale Anforderungen erhält der Trabant eine Warnblinkanlage.

1975

Bemühungen um mehr Korrosionsschutz fließen in die Serienfertigung ein, unter anderem wird die Hohlraumkonservierung verbessert. Der Sicherheit dienen verstärkte Befestigungspunkte für die Gurte und ein vergrößerter Innenspiegel. Die Insassen freuen sich außerdem über Schalldämmmatten in Fahrgast- und Kofferraum.

1976

Die einzige bedeutsame Änderung kommt passend zur Jahreszeit: ab November liefert eine zusätzlich wirkende Heizung endlich genügend Wärme im Trabant. Es ist eine Krümmerheizung, sie erhitzt angesaugte Kaltluft am Auspuffkrümmer und führt die erwärmte Luft dem vorhandenen Heizsystem zu.

1977

Bei technischen Weiterentwicklungen macht das Werk bis auf Kleinigkeiten eine Pause. Die Kundschaft soll eine etwas aufgewertete Ausstattung und ein neues Farbprogramm bei Laune halten. Papyrusweiß, Baligelb, Schilfgrün, Delphingrau und Champagnerbeige heißen die Kreationen. Gerade der klangvolle Name für den letztgenannten Farbton verspricht viel mehr als er hält. Champagnerbeige entpuppt sich als ein sehr gewöhnungsbedürftiges tiefes Braun. Die Version de luxe Universal erhält eine Fondablage, an der Hecktür ist jetzt eine selbsttätige Heckklappenstütze eingebaut.

1978

Das Programm wird umgestellt, die bestausgestattete Version heißt nun S de luxe, darunter rangieren die Varianten S und Standard. Neue Schaumkunstlederbezüge für die Sitze und die Seitenverkleidung im „Finish"-Paket sorgen für die wichtigste Unterscheidung. Äußerlich erkennt man den S de luxe an den kleinen Stoßstangenhörnern aus Gummi. Kleine, aber wichtige Verbesserungen der Sicherheit bringt dieses an Neuerungen ansonsten arme Jahr. Die Statikgurte erhalten endlich Gurtpeitschen am Wagenboden und einen vereinfachten Verstellmechanismus, und die Bremsleitungen werden mit Schutzschichten massiv vor Beschädigungen durch äußere Einwirkung bewahrt. Überraschend ist auf der Leipziger Herbstmesse der Tramp ausgestellt, lieferbar in den Farben Pastellweiß, Delphingrau, Cliffgrün und Kristallblau. Bis dahin war von dieser für den Export reservierten Ausführung offiziell nie die Rede gewesen.

1979

Neben einer Reihe fertigungstechnisch bedingter Änderungen erregt die neu geordnete Ausstattung des S de luxe Aufmerksamkeit. Das von Anfang an sehr beliebte Elektropaket beinhaltet Nebelschlussleuchte, Rückfahrscheinwerfer, Zweiklanghorn, bessere Radioentstörung und elektrisch arbeitende Scheibenwaschanlage einschließlich Wisch-Wasch-Funktion.

1980

Der Trabant 601 hat jetzt ein äußeres Kennzeichen, das ihn bis zum Ende seiner Laufbahn begleiten wird: die schwarzen Kunststoffecken auf den Stoßstangen. Den S de luxe erkennt man weiterhin an den Gummihörnern auf den generell neu profilierten Stoßstangen sowie im Rahmen des bekannten Elektropakets an einer Nebelschlussleuchte in Kombination mit einem Rückfahrscheinwerfer. Wichtiger als all dies ist die Zweikreisbremse. Mit dem zweiten Bremskreis als Reserve im Falle eines Defekts kommt das Werk einer Anforderung des internationalen Marktes nach. Außerdem wird die Abgasanlage uberarbeitet, bessere Materialien finden hier Verwendung; so soll der chronische Mangel an Ersatz-Auspuffanlagen gemindert werden – wie sich herausstellen sollte, nicht gerade mit durchschlagendem Erfolg.

Was sollte daraus werden? Ein Tramp, ein Pickup oder ein Hochkombi? Dieser interessante Versuchswagen stammt aus den achtziger Jahren. Foto: Archiv Redaktion Kraftfahrzeugtechnik (KFT)

1981

Neue, besser dämpfende und leiser arbeitende Stoßdämpfer sind eine spürbare Optimierung. Ansonsten gibt es in jenem Jahr Kleinigkeiten bei den bekannten Versionen, etwa ein neues Türschloss. Die Luxusvariante des Universal wird mit Heckscheibenwischer und Wisch-Wasch-Automatik ausgerüstet, noch einmal ändern sich für alle Fahrzeuge die Statikgurte. Endlich beginnt auch für den Trabant das Zeitalter der Automatikgurte, ab September sind sie gegen Aufpreis zu haben. Besondere Beachtung findet aber ein durchdachtes Sonderfahrzeug für Behinderte auf Basis des Universal. Nicht nur der altbekannte Hycomat steht zur Verfügung, sondern auch Handbedienung für Gas und Bremse und eine Sitzkonstruktion, die das Hineinziehen eines zusammengelegten Rollstuhls in den Wagen erlaubt. Um Platz für ihn zu schaffen, wird die Rücksitzbank nach hinten geklappt. Details wie zusätzliche Haltegriffe und ein Kissen auf dem Beifahrersitz zum problemlosen Hinüberwechseln zeigen, dass die Idee systematisch und konsequent umgesetzt wurde.

1982

Ein wichtiger Schritt zu weniger Kraftstoffverbrauch: Der neue Vergaser vom Typ 28 HB 4-1 garantiert gezielte, dem jeweiligen Lastzustand angepasste Benzinzufuhr. Das soll einen Minderverbrauch von einem halben Liter bringen. Den Gebrauchswert erhöht außerdem eine wartungs-

Immer wieder überarbeitet das Werk die Innenausstattung. 1982 ist der Blendschutz für den Tachometer dazu gekommen.
Foto: Archiv Automobilmuseum Zwickau

arme Batterie. Augenfälliger sind Änderungen im Innenraum. Der Tacho erhält einen Blendschutz, die Instrumententafelauflage ist aus dunkler Hartfaserplaste und die Ausstattung S de luxe bietet ein neues, griffgünstiges Lenkrad.

1983

Wieder ist, wenn auch sehr spät, ein Rückstand aufgeholt: ab Oktober erhält der Trabant eine 12-Volt-Elektrik, gleichzeitig ersetzt eine Drehstrom- die bisherige Gleichstromlichtmaschine. Nun hat der Wagen endlich genug Energie an Bord, Halogenzusatzscheinwerfer und andere zusätzliche Verbraucher sind kein Problem mehr. Einen bietet das Werk sofort an: die heizbare Heckscheibe für Limousine und Universal in der Ausführung S de luxe. Hier gehören jetzt auch Kopfstützen an den Vordersitzen zur Serie, für die anderen Varianten können sie als Sonderwunsch bestellt werden. Immer wieder gibt es Kleinigkeiten zum Nachbessern. So wird die Hecktür des Universal jetzt von zwei Gasdruckdämpfern gehalten. Bis dahin musste bei den einfachen Ausführungen die Klappe auf der linken Seite mit einer mechanischen Stütze gesichert werden.

1984

Die 12-Volt-Anlage macht es möglich: Neu-Besitzer können sich an H4-Licht erfreuen, wer einen S de luxe sein Eigen nennt, hat nun auch Nebelscheinwerfer zur Verfügung. Zu dieser Ausstattung zählen außerdem hintere Ausstellfenster. Das Fahrwerk erfährt buchstäblich spürbare

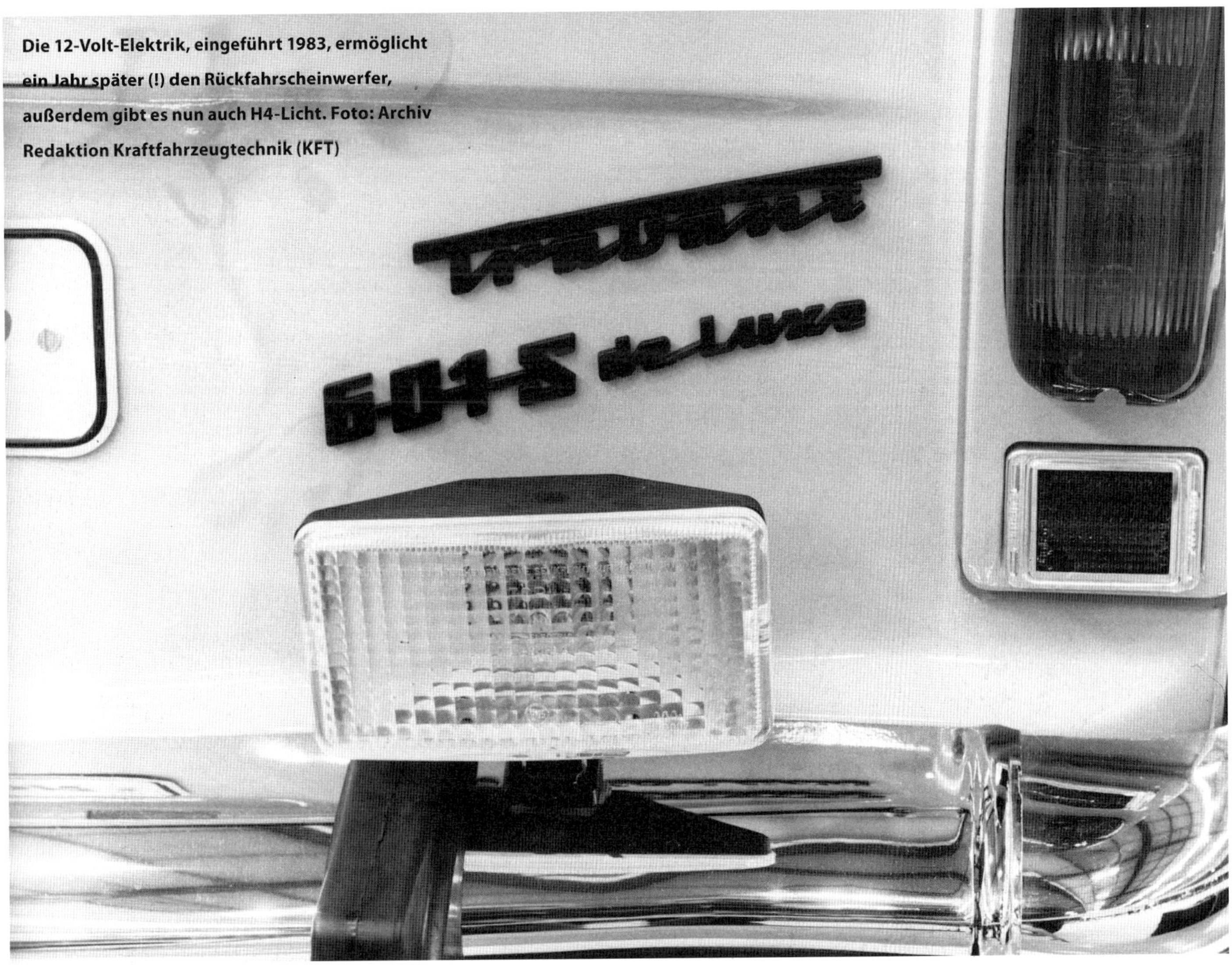

Die 12-Volt-Elektrik, eingeführt 1983, ermöglicht ein Jahr später (!) den Rückfahrscheinwerfer, außerdem gibt es nun auch H4-Licht. Foto: Archiv Redaktion Kraftfahrzeugtechnik (KFT)

Luxus pur ganz am Schluss: Als eine der letzten Verbesserungen in der Ausstattung des P 601 wird ein Glashebedach angeboten. Foto: Archiv Redaktion Kraftfahrzeugtechnik (KFT)

Verbesserungen, neue Antriebsgelenkwellen aus dem mit Hilfe von Citroën errichteten Gelenkwellenwerk in Mosel bei Zwickau reduzieren Querschwingungen und Vibrationen im Lenkrad. Es sind Gleichlaufgelenkwellen im Gegensatz zu den bislang verwendeten Scharniergelenkwellen. Die später wegen Sicherheitsfragen sehr diskutierte Kraftstoff-Momentan-Verbrauchsanzeige fließt in die Serie ein und ersetzt die Tankuhr! Lichtzeichen Rot, Gelb und Grün signalisieren die momentanen Folgen der Fahrweise. Wer verbrauchsgünstige Drehzahlbereiche verlassen will, muss mit dem Gaspedal bewusst einen Druckpunkt überwinden. Die Diskussion um die Sicherheit, geführt in den Wochen der politischen Wende 1990, wird sich auf die im Crashfall ungünstig angebrachte Kraftstoffleitung der Messanlage beziehen.

1985

Feinarbeit unter der Haube: geänderte Kolbenringabdichtung und eine verbesserte Kupplung erhöhen die Nutzungsdauer. Außerdem gibt es ein neues Zündschloss, es entspricht den ECE-Normen und hat eine Anlasswiederholsperre. Die Batteriezündanlage arbeitet jetzt elektronisch.

1986

Die letzte bedeutsame Weiterentwicklung des Trabant 601 ist auf der Leipziger Herbstmesse 1986 zu bewundern, geht aber erst April 1988 in Serie: Schraubenfedern hinten ersetzen die Querblattfeder. Mehr Komfort, höhere Nutzungsdauer und Wartungsfreiheit sind die Vorteile dieser Technik, die nun auch Trabant-Eigner genießen dürfen. Schwierigkeiten im Zusammenspiel mit der vorderen Querblattfeder begegnet man damit, dass der Federweg der Schraubenfedern nicht voll ausgeschöpft wird. Im Innenraum fallen drei moderne Kippschalter auf, Nebelschlussleuchte, Nebelscheinwerfer und heizbare Heckscheibe werden damit bedient. Der Blinkgeber arbeitet ab jetzt elektronisch. Es wird noch einmal in den Korrosionsschutz investiert mit der Zink-Phosphatierung für das Karosseriegerippe.

1987

Viel Mühe steckt das Werk schon lange nicht mehr in die Weiterentwicklung des 601. Aus einigen kleinen technischen Änderungen ragt in diesem Jahr die Verwendung eines asbestfreien Kupplungsbelags heraus.

1988

Den Trabant S de luxe des Jahrgangs 1988 erkennt man äußerlich am Glashebedach, lieferbar ist es auch für den S im Rahmen von Ausstattungspaketen. Am Schluss seiner Karriere erhält der 601 noch eine neue Batterie und Mehrschichtsicherheitsglas für die Frontscheibe, übrigens wie so oft bei Neuerungen, in zwei Etappen. Der Universal hat sie schon ab April, die Limousine erst ab Dezember.

Eigenartig fällt die Farbpalette für den Trabant 601 in den 1980er Jahren aus. Champagnerbeige ist nichts anderes als ein gewöhnungsbedürftiges Braun.

Heute Nostalgie, früher Alltag in der DDR:
Abgenutzter Trabant 601 Universal und der strapazierte Zug einer Schmalspurbahn – beides mit hohem Sympathiewert.
Foto: Udo Paulitz

Es klingt viel, ist unter dem Strich aber viel zu wenig:

1,5 Millionen Trabant feiert das Werk 1978.

Zeitgeschichte 1970-1974

1970

Treffen zwischen Bundeskanzler Willy Brandt und DDR-Ministerratsvorsitzendem Willi Stoph in Erfurt (19. März) und Kassel (21. Mai). Beginn neuer deutsch-deutscher Beziehungen.

In der Bundesrepublik Deutschland gilt per Gesetz Lohnfortzahlung auch im Krankheitsfall.

Probebohrungen in der Nordsee führen zur Entdeckung großer Ölvorkommen.

Brasilien wird erneut Fußballweltmeister (3:1 gegen Italien am 21. Juni. Im Halbfinale hatte Italien im „Jahrhundertspiel" gegen die Bundesrepublik Deutschland 4:3 gewonnen).

Am 5. August unterzeichnen die Bundesrepublik Deutschland und die Sowjet-Union den Moskauer Vertrag (wichtiges Element der Entspannungspolitik zwischen Ost und West).

Formel-1-Pilot Jochen Rindt verunglückt im italienischen Monza tödlich. Trotzdem wird er aufgrund seines uneinholbaren Vorsprungs Weltmeister (3. September).

Der Gitarrist und Sänger Jimi Hendrix stirbt am 18. September.

1971

Die erste Magnet-Schwebebahn der Welt wird in München vorgestellt.

Am 3. Mai tritt Walter Ulbricht, Erster Vorsitzender des Zentralkomitees der Sozialistischen Einheitspartei Deutschlands (SED), zurück. Sein Nachfolger wird Erich Honecker.

Das Viermächteabkommen über Berlin tritt am 3. September in Kraft, es regelt den ungehinderten Zugang zwischen den Westsektoren Berlins und der Bundesrepublik Deutschland.

Die Deutsche Bundesbahn startet am 26. September den Intercity-Verkehr („Jede Stunde, jede Klasse").

Das Transitabkommen zwischen der DDR und der Bundesrepublik Deutschland (17. Dezember) bringt wesentliche Erleichterungen im Transitverkehr zwischen der Bundesrepublik und Berlin (West) sowie des Reiseverkehrs innerhalb Berlins.

Am 10. Dezember erhält Bundeskanzler Willy Brandt den Friedensnobelpreis.

1972

Richard Nixon besucht als erster US-Präsident die UdSSR (22. Mai).

In Frankfurt/Main Festnahme der Terroristen Andreas Baader, Holger Meins und Jan-Carl Raspe (2. Juni).

In München beginnen die XX. Olympischen Sommerspiele, in deren Verlauf arabische Terroristen ein Attentat auf die israelische Mannschaft verüben.

Mit der Rückkehr von Apollo 17 stellen die USA die bemannten Missionen zum Mond ein.

Bei der Bundestagswahl am 19. November bleibt Willy Brandt (SPD) Bundeskanzler und regiert weiterhin zusammen mit der FDP.

1973

Vertreter der USA und Nordvietnams einigen sich auf ein Abkommen zur Beendigung des Vietnamkrieges.

Die Kattwyk-Brücke bei Hamburg ist fortan mit 54 Metern Durchfahrtshöhe die größte Hubbrücke der Welt.

Am 21. Juni tritt der Grundlagenvertrag zwischen der Bundesrepublik Deutschland und der DDR in Kraft (u.a. Unverletzlichkeit der Grenzen, Austausch ständiger Vertreter, Anstreben der UNO-Mitgliedschaft beider Staaten – Letztere erfolgt am 18. September).

Am 2. Oktober beschließt die Regierung der DDR ein Wohnungsbauprogramm, das die Wohnraumknappheit bis 1990 lösen soll.

Am 17. Oktober beginnt der 19 Tage andauernde Yom Kippur-Krieg. Angriffe von Ägypten und Syrien auf Israel, das erfolgreich zurückschlägt. Die USA und die UdSSR vermitteln einen Waffenstillstand.

Die Erdöl exportierenden arabischen Staaten erhöhen die Ölpreise, um politischen Druck auf die pro-israelischen, westlichen Staaten auszuüben. Aufgrund der daraus resultierenden Ölkrise gibt es in der Bundesrepublik Deutschland an vier Sonntagen im November ein generelles Fahrverbot auf den Straßen.

1974

1 Liter Normalbenzin kostet in der Bundesrepublik durchschnittlich 0,83 DM.

In der Bundesrepublik wird das Wahlalter von 21 auf 18 Jahre gesenkt.

Die schwedische Pop-Gruppe ABBA gewinnt mit ihrem Song „Waterloo" den Grand Prix de la Chanson.

Walter Scheel wird zum Bundespräsidenten gewählt.

Bundeskanzler Willy Brandt tritt am 6. Mai nach der Guillaume-Affäre zurück (Günter Guillaume arbeitete als DDR-Spion im Kanzleramt). Nachfolger wird Helmut Schmidt.

Die Fußballnationalmannschaft der Bundesrepublik Deutschland wird am 7. Juli in München Weltmeister (2:1 gegen die Niederlande). Zuvor hatte sie im Gruppenspiel gegen die DDR mit 0:1 verloren. Es blieb die einzige Teilnahme der DDR an einer Fußballweltmeisterschaft (ausgeschieden in der 2. Finalrunde nach Gruppensieg in der 1. Finalrunde).

US-Präsident Nixon muss wegen der „Watergate"-Affäre (Abhörskandal im Wahlkampf) zurücktreten.

Kapitel 5

Verbotener Fortschritt

Die Schattenautos von Sachsenring

Die Geschichte des Trabant an den produzierten Typen P 50, 600, 601 und 1.1 festzumachen, ist nur die halbe Wahrheit. Parallel dazu existierte bis zum letzten Tag eine Kette hochaktueller Entwicklungen, die letztlich nur für das Museum entstanden, wo ein Teil von ihnen heute zu bewundern ist (obwohl sie eigentlich hätten vernichtet werden sollen).

So wie der P 50 auf der Höhe der Zeit war, so lagen die Techniker von Sachsenring wiederum völlig richtig, als sie schon 1961 an den Trabant-Nachfolger gingen. Der hätte 1964 erscheinen sollen, der erhaltene Prototyp jenes P 100 entstand zwischen Februar und August 1961. Er war wesentlich größer als der Trabant, bot vier Erwachsenen ausreichend Platz und hatte eine Ganzstahlkarosserie. Ein wenig nahm er das Erscheinungsbild des späteren Wartburg 353 aus dem Jahre 1966 vorweg. Der Dreizylinder-Zweitaktmotor mit einer Leistung von 47 PS entsprach Zwickauer Tradition und wäre sicherlich nicht das letzte Wort gewesen, das vollsynchro-

Es wäre eine neue Dimension sowohl für das Werk wie für die Kundschaft geworden: Prototyp P 100 aus dem Jahre 1961. Mit ihm startet die lange Reihe vergeblicher Bemühungen der Entwickler in Zwickau.
Foto: Heinz-Toni Sesterheim

nisierte Vierganggetriebe und Scheibenbremsen vorn sollten dem Wagen im Stil der damaligen Mittelklasse eine gute Position auf dem Weltmarkt verschaffen. Die gefällige Trapezform mit großen Fensterflächen und klaren Linien wäre genau zum richtigen Zeitpunkt gekommen. Richtig nach Maßstäben des Weltmarktes war es auch, einen größeren Wagen als Trabant-Nachfolger anzubieten. Dass der Zwickauer Prototyp einem Eisenacher Versuchswagen derselben Bezeichnung in den Maßen sehr ähnlich war, lag am Ursprung des ganzen Projektes: ein Wettbewerb des VEB Zentrale Entwicklung und Konstruktion für den Kraftfahrzeugbau (ZEK) in Karl-Marx-Stadt hatte den Anstoß gegeben. Das Automobilwerk Eisenach wählte übrigens für seinen P 100 das Konzept des Mittelmotors. Das SED-Politbüro als allumfassendes Machtorgan im Staat aber sagte an beide Adressen „nein" und eröffnete damit einen Reigen von Fehlentscheidungen zu Lasten des Automobilbaus in der DDR. Hauptgrund der Ablehnung war die Notwendigkeit zu vieler neuer Werkzeuge. Ein Grundübel der DDR-Wirtschaft ist damit aufgezeichnet: einerseits hatte man immer noch an den Folgen der erheblichen Reparationszahlungen an die Sowjet-Union zu knabbern – gerade auf dem Sektor des Anlagenbaus –, zum anderen war die Devisenknappheit so groß (beziehungsweise die eigene Wirtschaftskraft so schwach), dass kurzlebige Westexporte langfristigen Planungen vorgezogen wurden. Jedenfalls durfte der weltweit konkurrenzfähige Werkzeugmaschinenbau der DDR den eigenen Landesbedarf nicht decken, sondern er musste exportieren – nach Ost (Reparationen) und West (Devisen). Da blieb nichts übrig für ein viel versprechendes Projekt wie den P 100, das ja später durchaus auch Devisen eingefahren hätte.

Improvisation und Neuerung

In Zwickau hatte man verstanden und berücksichtigte das Verdikt aus Berlin nicht nur bei künftigen Prototypen, sondern widmete noch mehr Einsatz dem eigenhändigen Bau von Anlagen. Schon beim Trabant waren zum Beispiel alle Pressen selbst gebaut worden. In der Regel ist das kein rationeller Weg, weil Improvisation teurer kommt als Spezialistentum. Beim nächsten Protoptyp, dem P 603, blieben die Zwickauer bei der Kunststoffkarosserie und planten die Verwendung von möglichst vielen vorhandenen Werkzeugen ein, entwickelten aber – ihrer Zeit weit voraus – eine attraktive Kombiheck-Karosserie. Die erhaltenen Fotos zeugen von einer hochmodernen Karosserielinie, wie sie ähnlich zum Beispiel auch bei Volkswagen als Vorläufer des Golf in Arbeit war (siehe den Entwicklungsauftrag 276 von 1969). McPherson-Federbeine vorn, Querlenker und Schraubenfedern hinten hätten ein modernes Fahrwerk gebildet. Mehrere Motoren standen in Zwickau zur Debatte und liefen auch in den insgesamt neun Musterfahrzeugen: ein Wartburg-Zweitakter, sechs wassergekühlte Viertaktmotoren von Skoda und zwei Wankelmotoren. Im Werk konzentrierten sich alle Gedanken nur noch auf den Nachfolger des Trabant 601, dessen Weiterentwicklung vorübergehend nahezu ganz eingestellt wurde.

Dafür sausten Trabant 601 mit Wankelmotoren durch Zwickau und fielen dem kundigen Betrachter am rechts platzierten Auspuff auf. Wie viele Automobilfirmen setzten auch die DDR-Betriebe in Zwickau und Eisenach auf die Wankeltechnik, wie bei fast allen anderen erwies sich dieser Weg als Sackgasse. Allein Mazda aus Japan ließ den Drehkolbenmotor nicht fallen, pflegt ihn bis heute und hat sogar Zukunftspläne. Mit dem Aufkommen der Hybridtechnik nach dem Jahr 2000 ist der Wankelmotor wieder im Gespräch, diesmal als permanent laufender Generator für den Elektroantrieb. Seinerzeit brachten die Vorteile des geringen Platzbedarfes, des geringen Gewichtes und der wenigen sich bewegenden Teile in der Praxis kaum Fortschritte, in der Entwicklungsphase aufgetretene Nachteile erwiesen sich aber als zu gravierend. In der damaligen Bundesrepublik leiteten bei „Wankel-Mutter" NSU die motorbedingten Probleme mit dem im Prinzip großartig gelungenen NSU Ro 80 das Ende der Selbständigkeit ein. In Zwickau wie anderswo erwies sich vor allem das Problem der „Rattermarken" als unlösbar. Die Schwingungen des Drehkolbens verursachten an der glatten Fläche der Trochoide mit der Zeit Unebenheiten, die Dichtung baute sich ab, die Verbrennung wurde ungleichmäßig. Gedacht war ursprünglich an einen Einscheiben-Motor für Sachsenring und an einen Zweischeiben-Motor für das Automobilwerk Eisenach. Ausgerechnet auf einem Gebiet, auf dem das Politbüro grünes Licht gegeben hatte, konnte der Durchbruch nicht erzielt werden, fast schon ein tragischer Vorgang. Im Juli 1967 wurde die NSU-Entwicklungslizenz gekündigt.

Prototypen alle vernichtet

Am Wankelmotor lag es aber nicht, dass der neue Trabant P 603 nicht Wirklichkeit wurde. Im März 1971, kurz vor der geplanten Präsentation vor der Parteispitze in Karl-Marx-Stadt, kam das Veto aus Berlin. Hatte man den P 100 noch in der DDR-Presse und in Buchveröffentlichungen zeigen dürfen, so war diesmal die Devise klipp und klar, alle Prototypen zu vernichten. Das geschah auch, heute existieren nur noch ein paar Fotos von ihnen und ein Modell. Der Schock saß tief, aber ganz umsonst war die Arbeit (scheinbar!) doch nicht.

Die Erfahrungen aus dem P 603 flossen nämlich ein in das nächste Projekt, das sogenannte RGW-Auto, in eine Entwicklung also, die zusammen mit einem sozialistischen Wirtschaftspartner betrieben werden sollte. Auch in der Tschechoslowakei waren nämlich die Mittel in den siebziger Jahren knapp, der seit 1964 in einem modernen Werk gebaute Heckmotor-Skoda war technisch ausgereizt und rief nach einem Nachfolger. Wartburg in Eisenach und Sachsenring hatten bekanntlich dieselben Sorgen. Zu dritt wollte und sollte (!) man den Nachfolger auf die Räder stellen. Das Projekt brachte es bis zu einem Staatsvertrag zwischen der DDR und der Tschechoslowakei. Mit dem P 760 entstand wiederum eine Kombi-Limousine, der Skoda-Motor mit 50 PS aus 1100 cm^3 Hubraum, Einzelradaufhängung und Scheibenbremsen waren wichtige technische Merkmale. Das Design wirkte durchaus modern, eigenständig und auch eigensinnig, japanische Kompaktwagen griffen eine ähnliche Linie später auf. Wenig schmeichelhaft allerdings der Spitzname des P 760 im Werk: „Hängebauchschwein".

Im ersten Quartal 1970 waren vier Prototypen des RGW-Autos, das selbstverständlich eine Ganzstahl-Karosserie erhalten sollte, in Zwickau gebaut worden. Bei einheitlichem Chassis und Motorenbestückung sollten in beiden Ländern unterschiedlich gestaltete Karosserien ver-

Der richtige Karosserieentwurf für einen neuen Trabant mit vertrauter Technik, umgesetzt 1966. Der P 603 durfte aber nicht in Serie gehen. Foto: Archiv Automobilmuseum Zwickau

wendet werden. Jeweils 300.000 Fahrzeuge pro Jahr sollten in der Tschechoslowakei und in der DDR entstehen, was einer Verdoppelung der Produktion gleichgekommen wäre. Was diesmal nur Pessimisten erwarteten, bahnte sich am 3. April 1973 an, nämlich wieder eine negative Entscheidung des Politbüros. Es befand in jener denkwürdigen Sitzung, die Angelegenheit sei nicht „entscheidungsreif". Erwartet hatten zumindest die Vertreter von Sachsenring die endgültige Freigabe. Dabei lag eine bereits abgespeckte Projektfinanzierung auf dem Tisch. Das Aus des gemeinsamen Pkw-Projekts hinterließ eine frustrierte Entwicklungsabteilung in Zwickau und einen enttäuschten Verhandlungspartner auf der tschechoslowakischen Seite.

Noch im Juli desselben Jahres gab das Politbüro den beiden einheimischen Personenwagenwerken tatsächlich eine neue Perspektive. Jetzt sollten Sachsenring und AWE ohne Verbund mit Skoda ein Gemeinschaftsauto entwickeln, wobei aus Zwickau die dreitürige Kombilimousine und aus Eisenach eine viertürige Stufenheckausführung kommen sollten. Die Motoren sollte weiterhin Skoda liefern. Die verworfenen Prototypen mit der Bezeichnung P 610 waren weit gediehen. Eine Vorlage von Sachsenring nennt die verwirklichten technischen Ziele: quer eingebauter, wassergekühlter Motor von Skoda, vorn McPherson-Federbeine und Schraubenfedern, hinten geführte Starrachse und Schraubenfedern, Zweikreisbremssystem, Drehstromlichtmaschine. Der Trabant-Nachfolger sollte 125 km/h schnell sein (statt 100 km/h beim Trabant) und statt in 48 Sekunden in 20 Sekunden von 0 auf 100 km/h beschleunigen. Mit 730 Kilogramm sollte der Neue mit Ganzstahl-Karosserie um 115 Kilogramm schwerer sein als der Trabant bei gleicher Nutzmasse und kleinerem Kofferraum. Der Radstand sollte von 2020 Millimeter beim Trabant auf 2380 Millimeter wachsen.

Das AWE hatte sich für den Wartburg-Nachfolger weitere Motor-Optionen offengehalten. Das Projekt entwickelte sich viel versprechend. Für Zwickau war eine Jahresproduktion von 150.000

Von den Partnern in der DDR im Stich gelassen, arbeitet Skoda allein am neuen Pkw weiter – hier ein Prototyp von 1973, der auf das RGW-Auto zurückgeht. Foto: Jürgen Schlegelmilch

Neuer Kleinwagenentwurf, zugeschnitten auf die Bedürfnisse der 1980er Jahre. Dieses Baumuster gehörte zu den Arbeiten am Gemeinschaftsauto mit dem Automobilwerk Eisenach. Foto: Archiv Automobilmuseum Zwickau

Weit gediehen ist das Projekt des P 610, als es von der Politik gestoppt wird. Heute steht es als nachträglicher Leistungsbeweis der Zwickauer Ingenieure im Automobilmuseum Zwickau. Foto: Heinz-Toni Sesterheim.

und für Eisenach von 80.000 Fahrzeugen vorgesehen. Leider wiederholte sich das alte Spiel. Am 24. September 1974 dokumentierte das Politbüro, dass es wieder kalte Füße bekommen hatte wegen zu hoher Kosten. Zunächst klang der Beschluss aber nicht schlecht für Sachsenring, denn er sah die Einstellung der Arbeiten am Wartburg und eine Konzentration auf den Trabant-Nachfolger vor. 1982 sollte demnach Typ P 610 C vom Band laufen. Das hieß aber auch: keine Mittel mehr für Eisenach – eine Entscheidung, mit der sich der Automobilstandort in Thüringen nicht abfinden konnte. Die folgende Entscheidungsfindung wird nicht ohne Einflussnahme von dort abgegangen sein. Wie auch immer, zweimal verschoben und dann wieder vom Tisch, so erging es letztlich auch diesem Plan. Am 6. November 1979 war wieder alles beim alten: Kein Nachfolger von Trabant und Wartburg, Weiterbau beider Typen über 1985 hinaus, so beschloss das Politbüro. Ende!

Trotz allem kann eine Entwicklungsabteilung nicht untätig sein. Es gab Anfang der achtziger Jahre noch ein paar Prototypen als Trabant-Weiterentwicklungen, nicht mehr als völlig neue Autos. Der erste Prototyp dieser Generation, äußerlich an das RGW-Auto erinnernd, aber mit den Maßen des Trabant, hatte einen neuen Zweizylinder-Zweitaktmotor mit elektronisch gesteuerter Benzineinspritzung statt Vergaser (26 PS/19 kW aus 600 cm³). Begonnen worden war aber bereits mit einem Viertaktmotor von 40 PS/30 kW aus einem Hubraum von 1050 cm³. 1982 kam dann eine neue Variante ins Spiel: AWE hatte auf Basis des Dreizylinder-Zweitaktmotors des Wartburg einen Viertakter entwickelt (60 PS aus 1191 cm³). Auch er fiel später dem politischen Rotstift zum Opfer.

Die Sachsenring-Entwickler hofften auf ein anderes Projekt, das erneut genau im Trend der Zeit lag: Das WTZ hatte einen Dieselmotor für einen Trabant-Nachfolger und zwar auf Basis eines Dreizylinders entworfen. Dazu hatten sie tatsächlich grünes Licht aus Berlin bekommen. Der Grund war die Annahme, auf Dauer Dieselkraftstoff billiger importieren zu können als Benzin. 1984 war der Dreizylinder-Dieselmotor fahrbereit, er lief in einem unscheinbaren 601 und brachte gute Testergebnisse. Natürlich wurde auch dieses Projekt eingestellt, an seine Stelle trat der Lizenzmotor von Volkswagen (siehe Seite 78 ff.) – aber wen wundert überhaupt noch etwas bei diesem Thema?

Zeitgeschichte 1975-1978

1975

In Hamburg wird der neue Elbtunnel für den öffentlichen Verkehr freigegeben
Die bundesdeutsche Botschaft in Stockholm wird von Terroristen besetzt, zur selben Zeit beginnt in Stuttgart-Stammheim der Prozess um die RAF-Terroristen Andreas Baader, Gudrun Ensslin, Ulrike Meinhof und Jan-Carl Raspe. Von 109 polizeilich gesuchten Terroristen befinden sich 85 in Haft.
Der Österreicher Niki Lauda (Ferrari) kann die Formel-1-Weltmeisterschaft für sich entscheiden.
Am 1. August Unterzeichnung der Schlussakte von Helsinki (Konferenz über Sicherheit und Zusammenarbeit in Europa) unter anderen durch Bundeskanzler Helmut Schmidt und Erich Honecker, Vorsitzender des ZK der SED. In dem Abkommen enthalten sind auch Grundsätze zur Freizügigkeit, auf die sich später DDR-Bürger bei Ausreiseanträgen berufen werden.

1976

Das Überschall-Flugzeug Concorde wird erstmals im Linienverkehr eingesetzt (21. Januar).
Die Terroristin Ulrike Meinhof wird in ihrer Zelle in Stuttgart Stammheim tot aufgefunden (9. Mai).
Niki Lauda verunglückt am 1. August beim Großen Preis von Deutschland auf dem Nürburgring schwer. Die als unsicher geltende Rennstrecke in der Eifel wird in den folgenden Jahren umgebaut. Weltmeister wird James Hunt auf McLaren.
Die Deutsche Bundespost stellt die ersten Tastentelefone vor.
Aus der Bundestagswahl am 3. Oktober geht die sozial-liberale Koalition unter Bundeskanzler Helmut Schmidt (SPD) als Sieger hervor.
29. Oktober: Erich Honecker wird auch Staatsratsvorsitzender.
Jimmy Carter wird der 39. Präsident der Vereinigten Staaten von Amerika (2. November).
16. November: Der kritische Liedermacher Wolf Biermann wird von der DDR nach einem Auftritt in der Bundesrepublik ausgebürgert – für viele Intellektuelle in der DDR Anlass, sich von der Politik der SED abzuwenden.

1977

Elvis Presley, legendärer Star des Rock'n'Roll, stirbt im Alter von nur 42 Jahren.
Mitglieder der RAF entführen am 5. September den bundesdeutschen Arbeitgeberpräsidenten Hanns Martin Schleyer. Die Terrorgefahr in der Bundesrepublik erreicht ihren Höhepunkt.
Die Rallye London-Sidney gilt mit einer Länge von 31.107 gefahrenen Kilometern als die längste der Welt und wird von Andrew Cowan, Colin Malkin und Michael Brad auf Mercedes 280 E entschieden.
Niki Lauda sichert sich erneut den Weltmeistertitel in der Formel 1.
13. Oktober: Eine von Terroristen nach Mogadischu entführte Lufthansa-Maschine wird von der Spezialeinheit GSG 9 befreit. Am 18. Oktober wählen daraufhin die in Stuttgart-Stammheim einsitzenden Terroristen Andreas Baader, Gudrun Ensslin, Irmgard Möller und Jan-Carl Raspe den Freitod. Am 19. Oktober wird der entführte Hanns Martin Schleyer ermordet aufgefunden.
Am 1. Dezember bestellt die DDR 10.000 Einheiten des Volkswagens Golf. Er wird im Binnenhandel für 32.000 Mark (Preis in der Bundesrepublik: ca. 11.000 DM) angeboten.

1978

Die deutsche Produktion des VW Käfers (zuletzt im Werk Emden) wird eingestellt.
Die IG Metall verleiht ihrer Forderung nach Einführung der 35-Stunden-Woche mit weit reichenden Streiks Nachdruck.
Fußballweltmeister wird Argentinien (3:1-Finalsieg gegen die Niederlande am 25. Juni)
17. September: In Camp David (USA) schließen Ägypten und Israel unter Vermittlung von Präsident Carter einen Friedensvertrag.
Neuer Papst wird am 16. Oktober Johannes Paul II. Sein Vorgänger Johannes Paul I. war nach nur 33 Tagen im Amt verstorben.
Als erster Deutscher fliegt Kosmonaut Sigmund Jähn aus der DDR in den Weltraum (26. August).
Die millionste Wohnung aus dem Wohnungsbauprogramm der DDR (Neubau und Modernisierung) wird übergeben.

Der Antrieb ist neu – diese Botschaft will die umgestaltete Frontpartie des Trabant 1.1 zusammen mit den geänderten Stoßfängern transportieren. Es gelingt, zeigt aber keine Wirkung. Foto: Archiv Redaktion Kraftfahrzeugtechnik (KFT)

Die allerersten Exemplare tragen noch die alten Stoßfänger. Hier das Testfahrzeug für die Redaktion der KFT. Foto: Archiv Redaktion Kraftfahrzeugtechnik (KFT)

Kapitel 6

Neuling ohne Chance
Trabant 1.1

Die Karriere des letzten Trabant, des Typ 1.1, verläuft so, als wäre es noch darum gegangen, das Sinnbild technischer Rückständigkeit der vergangenen 25 Jahre ins fast Irrationale zu steigern. Nur teilweise erneuert auf den veralteten technischen Grundlagen und (ursprünglich) viel zu teuer für den Binnenmarkt – eigentlich bereits zwei ungünstige Voraussetzungen –, hätte der Trabant 1.1 in der DDR dennoch seine Freunde gefunden, wenn auch nur notgedrungen. Als er aber auf den Markt kommt, ist die politische Wende schon so weit fortgeschritten, dass aus dem verhaltenen Murren wie im Herbst 1988 über den parallel entwickelten Wartburg 1.3 offene Ablehnung wird und außerdem moderne Kleinwagen zu haben sind. Mitten in diesem Strudel musste der Trabant 1.1 ganz schnell untergehen – es gibt wohl kaum ein Auto auf der Welt, das von vorn herein so wenige Chancen zur Bewährung hatte wie dieses.

Dabei sind die technischen Veränderungen weitaus tief greifender als es die äußeren Retuschen an der Karosserie vermuten lassen. Grund war der neue Motor aus dem VEB Barkas Werke in Karl-Marx-Stadt, eine Lizenz von Volkswagen. Endlich hatte die poltische Führung der DDR nach einer Serie verhängnisvoller, jede Initiative blockierender Fehlentscheidungen in der Automobilentwicklung des Landes einen Ersatz für die Zweitaktmotoren schaffen wollen und sich damit ungeahnten Aufwand ins Haus geholt. Kostspielige Entwicklungsarbeiten und eine im Vergleich zum Weltstandard ohnehin unrationelle Fertigung machen jeden einzelnen Trabant 1.1 in der Herstellung nun so teuer, dass der halbwegs marktgerechte Preis nach der Währungsumstellung von zuletzt 6900 DM die Kosten nicht deckt. Während für die Zeit ab Produktionsbeginn bis zur Währungsumstellung kein Preis festgelegt ist, kostet der Trabant 1.1 nach dem 1. Juli zunächst 9110 DM (Limousine), 10.250 DM (Universal) und 14.820 DM (Tramp). Unter alten Voraussetzungen hatte das Werk mit 19.865 Mark der DDR für die Limousine kalkuliert, ein Preis, der schon bei seiner Bekanntgabe im Sommer 1989, kurz vor der friedlichen Revolution in der DDR, für kaum verborgenen Unwillen beim generell noch erwartungsfrohen Publikum gesorgt hatte. Als das Auto dann – zu DM-Preisen – verfügbar ist, löst es fast nur noch Empörung und Gespött aus.

Vieles ist besser, aber nicht gut genug

720 Baugruppen und Einzelteile werden neu oder weiter entwickelt, teilt das Werk im Sommer 1989

Die Knüppelschaltung bildet den augenfälligsten Fortschritt gegenüber dem P 601, außerdem ist die Instrumententafel im Stil von Volkswagen gehalten. Foto: Archiv Redaktion Kraftfahrzeugtechnik (KFT)

über die zu jener Zeit noch parteitreue Presse in der DDR mit. 340 neue Teile muss allein die Zulieferindustrie bereitstellen und dafür im eigenen Betrieb kräftig investieren. Wo ist dieser ganze Aufwand versteckt im Trabant 1.1? Im Prinzip fast nur im Antrieb. Dabei gab es an der Qualität des Motors aus der Lizenzproduktion des IFA-Kombinats keine Zweifel. Im April 1988 arbeitet der erste neue Trabant-Motor, bei Barkas BM 820 genannt, auf dem Prüfstand. Der Vierzylinder-Viertakter hat einen Hubraum von 1043 cm^3 und wird wie schon der alte Motor quer ins Fahrzeug eingebaut. Im Vergleich zum Wartburg-Motor aus derselben Baureihe ist der für den Trabant bei gleicher Bohrung (75 Millimeter) im Hub um 13 Millimeter (59) kürzer ausgefallen. Die Maschine leistet 40 PS bei 5500/min. Zylinderkopf aus Leichtmetall, Tassenstößel mit integriertem, hydraulischem Ventilspielausgleich, Antrieb der obenliegenden Nockenwelle über Zahnriemen und ein Zylinderblock aus Grauguss sind wichtige Baumerkmale der für ihre Zeit durchaus modernen Maschine. Der Fallstromvergaser ist mit Startautomatik und Schubabschaltung kombiniert. Die Motorcharakteristik beschert dem 1.1 viel Kraft im unteren Drehzahlbereich. Die seinerzeit vielfach geäußerte Befürchtung, der Trabant 1.1 sei übermotorisiert, gewissermaßen eine „Mumie mit Herzschrittmacher", so eine gängige Spottformel, bestätigt sich nicht. Unabhängige Testberichte mitten in der politischen Wende bescheinigen dem 1.1 eine gelungene Abstimmung des neuen Motors auf die alte Fahrzeugkonstruktion. Ein Verbrauchsvorteil gegenüber dem Zweitakt-Trabant stellte sich allerdings kaum ein. Das gegenüber dem 601 um 85 Kilogramm höhere Gewicht des 1.1 und in aller Regel größerer Fahrspaß lassen den Verbrauch um gut sieben Liter pendeln, obwohl das Werk sechs Liter versprochen hat. Tempo 100 ist für den Trabant nun kein Problem mehr, die Höchstgeschwindigkeit misst die Zeitschrift KFT mit 128 km/h (601: 107 km/h), von 0 bis 80 km/h braucht danach der Viertakter 22,1 Sekunden gegenüber 30, bis 80 km/h liegen die Werte bei 14 beziehungsweise 18 Sekunden. Für den VW-Motor haben die Barkas-Werke überdies ein Vierganggetriebe entwickelt, das sich gut bewährt.

Und das ist der größte wahrnehmbare Fortschritt: Der Trabant-Passagier fährt nun wohltuend leise. Nach einer in KFT 3/90 veröffentlichten Messung beträgt der Schalldruckpegel im 1.1 bei Tempo 40 etwa 65,5 dB(A), im 601 stolze 71, bei Tempo 80 im 1.1 rund 70, im 601 etwa 78 und bei Tempo 100 dann 73 beziehungsweise 85 dB(A). Eine

Minderung um drei dB(A) wird dabei übrigens als eine Halbierung des Lärms empfunden! Insofern bietet der neue Trabant durchaus eine vergleichsweise gute Fahrt.

Viel Mühe haben sich die Entwickler mit der Motorlagerung gemacht, Schwingungen, wie sie offenbar beim Viertakt-Wartburg vorkommen, kennt der Trabant 1.1 nicht. Für eine optimale Lagerung wird der schon beim 601 vorhandene Hilfsrahmen verstärkt. Völlig neu ist die Vorderradaufhängung. „Die Vorderräder spuren jetzt richtig", stellt „Der Deutsche Straßenverkehr/Auto" in seinem Test in Heft 4/90 erfreut fest. McPherson-Federbeine und Schraubenfedern sind eine neue Welt für Trabant-Fahrer. Für eine bessere Vorderradführung sorgen auch die um 74 Millimeter verbreiterte Spur und der Querstabilisator. Vor allem, um Raum für den Tank zu schaffen, für den nun unter der Motorhaube kein Platz mehr ist, werden die hinteren Federbeine modifiziert. Lob findet außerdem die überarbeitete Lenkung. Dass nun auch der Trabant (vorn) Scheibenbrem-

Eine unerwartet bunte Prospektwelt gibt es für den Trabant 1.1, die meisten dieser Druckwerke entstehen aber erst zu Zeiten der Marktwirtschaft.

sen hat, stellt angesichts der höheren Fahrleistungen eine Notwendigkeit dar.

Dass ein Bremskraftverstärker fehlt, schlägt dagegen als Mangel zu Buche. Die hinteren Trommelbremsen haben aber nun einen Bremskraftbegrenzer. Leider fasst der endlich an optimaler Stelle platzierte Tank gegenüber dem 601 nur zwei Liter mehr (28 statt 26), der Nachteil der kurzen Reichweite bleibt also.

Trotz all der Änderungen ist der 1.1 ein Trabant geblieben. Das im Vergleich zur Konkurrenz problematische Federungsverhalten hinten hat sich nicht verändert, wie erste Tests bestätigen. Bei nur vorn besetztem Wagen sprechen die Schraubenfedern zu schwach an, die Trabant typischen Nickschwingungen sind auch dem 1.1 treu. Vor allem aber ist er im Raumangebot natürlich immer noch der Kleinwagen aus dem Jahr 1964. Die neue Technik im Vorderwagen hat den Fußraum dort sogar noch etwas reduziert. Mit dem 601 vertraute Fahrer erfreuen sich allerdings am günstig platzierten Hebel der Knüppelschaltung, an neuen, der Gestaltung bei VW angenäherten Armaturen mit zwei großen Rundinstrumenten. Heizung und Lüftung entfalten endlich die erwünschte Wirkung.

Dezente Erkennungszeichen

Die Optik schafft außen nur sehr dezente Unterschiede zum 601. Der Kühlergrill in asymmetrischer Aufteilung, die dicken Stoßfänger und die vergrößerten Rückleuchten zeigen dem informierten Betrachter der Straßenszene den technischen Fortschritt an. Ein Rückschritt in der Optik ist die Form der jetzt gerade verlaufenden und vorn abgekanteten Motorhaube. Sie besteht nun aus Stahl, der vorhandene Maschinenpark der Fertigung lässt keine andere Lösung als eine sol-

Nur für eine Vergrößerung der Heckleuchten hat das Budget für die Außengestaltung des Trabant 1.1 gereicht. Vorn müssen die Scheinwerfer des P 601 reichen.
Foto: Archiv Redaktion Kraftfahrzeugtechnik (KFT)

che Kante zu. Dass dem Tankverschluss eine Klappe fehlt, macht einen ärmlichen Eindruck.
Wie soll sich ein Auto, das eine technische Epoche verkörpert, die drei Jahrzehnte zurückliegt, auf dem Weltmarkt – die untergehende DDR gehört jetzt dazu – behaupten? Das kann nicht gutgehen. Kleinwagen aus Italien und Japan – die bundesdeutsche Autoindustrie hat um 1990 einen echten Kleinwagen wie später den Ford Ka oder VW Lupo noch nicht zu bieten – schlagen den Trabant 1.1 bei nüchterner Betrachtung um Längen, ganz zu schweigen von der verlustbringenden Herstellung in Zwickau. Der Entschluss des Werks, 80 Prozent Universal und nur noch 20 Prozent Limousinen zu bauen, weil man sich für den Kombi eine größere Nachfrage erhofft, kann nichts mehr retten. Auch Vermarktungsversuche wie die peppige Aufmachung des Tramp vom Werk und Styling-Kits der Münchener Engineering-Firma IVM ändern nicht die Situation.

Ideen ohne Zukunft

Der zur Leipziger Herbstmesse 1990 präsentierte Tramp – die letzte Modellneuheit aus dem Trabant-Werk, die noch in Serie geht! – kommt ganz in weiß und lockt mit einem Sonnensymbol auf der Motorhaube. Der Trabant Pickup bleibt eine Idee, obwohl auch er in Leipzig steht und noch ein offizieller Prospekt erscheint. Diese pfiffig wirkende Variante hat für die 1,35 Meter lange Ladefläche eine Nutzlast von 395 Kilogramm zu bieten. Gebaut werden dann nur noch zwei Stück. Angekündigt und im letzten Produktionsmonat auch umgesetzt wird der Einbau eines ungeregelten Katalysators. Nicht mehr zum Tragen kommt das auch für den Wartburg geplante Fünfganggetriebe und der Einbau einer Maschine mit 1300 cm³

Witzig, wenn auch teilweise zu verspielt, wirken späte Veränderungsvorschläge für den Trabant 1.1.
Foto: Archiv Redaktion Kraftfahrzeugtechnik (KFT)

IVM in München entwickelt im Sommer 1990 zusammen mit dem Werk ein Konzept zur optischen Aufwertung der ganzen Modellreihe. Umgesetzt wird es noch für den Tramp, der auffällige Farben, Schutzgitter wie ein echter Geländewagen („Kuhfänger"), Trittbretter, ein buntes Sportlenkrad sowie hochwertige Sitze erhält. Dieser Caro Tramp 1.1 steht ganz zum Schluss der Trabant-Karriere für 12.980 DM bereit. Auch die Limousine erfährt bei dem Projekt starke optische Veränderungen. Farbliche Absetzungen am Dachrand, der A-Säule und am Bodenschweller sowie ein Grill im Geländewagenlook sorgen für Aufmerksamkeit. An der Seite fallen zwei Sicken auf, hinten die großen eckigen Leuchten und wiederum zusätzliche Farbe. Lederlenkrad, Ledersitze und Lederelemente an der Türinnenverkleidung sollten dem Super-Trabant eine besondere Note geben. Nur bis ins Stadium einer Zeichnung bringen es entsprechende Versionen des Universal und des Pickup. Auf den Markt kommen sie nicht, abgesehen von mindestens 60 Caro Tramp geht das ganze Projekt im Strudel der Werksschließung im April 1991 unter. Die IVM-Trabi-Varianten stehen heute im Zwickauer Museum.

Was wirklich bleibt, ist das Gestalt gewordene Sinnbild der ewigen Improvisation, mit der die Autoindustrie der DDR leben musste und die sie in der neuen Bundesrepublik ihre Eigenständigkeit kostete. Es hatte fast tragikomische Symbolik, als auf der Internationalen Automobilausstellung (IAA) in Frankfurt/Main 1991 der Trabant 1.1 zum letzten Mal im Mittelpunkt stand. Sachsenring, das mit dem Trabant nie nach Frankfurt gekommen war, warb für seine neue Komponentenherstellung und stiftete als Werbeaktion einen Tramp für die „Aktion Sorgenkind". Zu einem Sorgenkind der Belegschaft in Zwickau war der Trabant in den eineinhalb Jahren zuvor längst geworden. Was außerdem bleibt: Ein hochinteressantes Sammelobjekt für die Trabant-Freunde, obwohl diese mehr dem DDR-typischen Zweitakter zugewandt sind. Nur 38.122 mal wurde der 1.1 gebaut, die allerletzten kamen 1994, drei Jahre nach Produktionsstopp, in den Handel. Exakt 444 Universal waren nach dem Konkurs eines Importeurs in der Türkei zurückgeschickt worden und standen für jeweils knapp 20.000 DM als Sammlerstück zur Verfügung. Sie bilden das effektvolle Schlussbild in der Ahnengalerie des Trabant.

Zu spät kommt die Idee des Pickup. Eines der zwei gebauten Exemplare tut Dienst für das Museum in Zwickau. Foto: Archiv Redaktion Kraftfahrzeugtechnik (KFT)

TRABANT 1.1 UNIVERSAL

WANN BRAUCHEN SIE SCHON EINEN 60-TONNER?

... MIT 1400 L LÄSST SICH SCHON EINIGES WEGSCHAFFEN.

Zeitgeschichte 1979-1982

1979
Revolutionsführer Ajatollah Khomeini trifft am 1. Februar im Iran ein. Beginn der iranischen Revolution.
Karl Carstens wird zum Bundespräsidenten gewählt (23. Mai).
Erste Direktwahl zum Europaparlament (10. Juni).

1980
1 Liter Normalbenzin kostet in der Bundesrepublik durchschnittlich 1,16 DM.
In Karlsruhe wird die Partei der „Grünen" gegründet (13. Januar).
Mit dem Angriff irakischer Militärs auf iranische Ölförderanlagen beginnt der erste Golfkrieg (20. September).
Die SPD/FDP Koalition unter Bundeskanzler Helmut Schmidt gewinnt die Bundestagswahl (5. Oktober).
Am 9. Oktober erhöht die DDR den Zwangsumtausch für Westbesucher auf 25 DM pro Person und Tag, verbunden mit der Forderung nach einer Anerkennung der Staatsbürgerschaft der DDR.
In Polen gründet Lech Walesa die unabhängige Gewerkschaft „Solidarität" (31. Oktober), später treibende Kraft bei der politischen Umwälzung in Polen.
Ronald Reagan wird zum 40. Präsidenten der USA gewählt (4. November).

1981
Am 12. April startet erstmals die „Columbia", ein wieder verwendbares Space Shuttle, zu einem zweitägigen bemannten Raumflug von Cape Canaveral (USA) aus.
Der erste „Tatort" mit Götz George in der Hauptrolle flimmert über die bundesdeutschen Mattscheiben.
In Frankreich weiht Staatspräsident François Mitterand mit dem TGV den schnellsten Zug der Welt ein.
In Amerika werden die ersten Fälle von Aids diagnostiziert.
Staats- und Parteichef Erich Honecker empfängt am 11. Dezember Bundeskanzler Helmut Schmidt zu einem dreitägigen Besuch. Unter anderem geht es um den zinslosen Kredit der DDR bei der Bundesrepublik und Erleichterungen im Reiseverkehr. Das Treffen ist überschattet von der Verhängung des Kriegsrechts im Nachbarland Polen.

1982
Walter Röhrl und Christian Geistdörfer (Opel Ascona 400) können die 50. Rallye Monte Carlo für sich entscheiden.
Der Friedensaufruf vom 7. Februar „Berliner Appell – Frieden schaffen ohne Waffen" in der DDR begründet die Friedensinitiative „Schwerter zu Pflugscharen", die von der SED hart bekämpft wird.
Italien wird Fußballweltmeister – 3:1 im Finale gegen die Bundesrepublik Deutschland (11. Juli).
20. September: Über ein konstruktives Misstrauensvotum wird Helmut Kohl (CDU) Bundeskanzler.
Auf der „Hifivideo 82" in Düsseldorf präsentieren Sony und Philips die ersten CD-Spieler.
Am 20. November wird die Transit-Autobahn Berlin-Hamburg eröffnet.
Das US-amerikanische Nachrichtenmagazin „TIME" wählt den Computer zur „Maschine des Jahres".

Kapitel 7

Notlösung VW-Motor

Keimzelle des Neubeginns

Die Liste der Versäumnisse des Politbüros der SED, das in der DDR als die eigentliche Regierung wirkte, auf dem Feld des Automobilbaus ist lang. Verbot von in Zwickau und Eisenach entwickelten Prototypen, Abbruch von Verhandlungen über Gemeinschaftsautos von Trabant und Wartburg sowie mit Skoda in der Tschechoslowakei hatten die Autoindustrie der DDR immer mehr ins technische Abseits manövriert. Anfang der 1980er Jahre geschah dann aber doch etwas auf höchster Entscheidungsebene. Die ungeliebten Zweitaktmotoren sollte ein Lizenzmotor von Volkswagen ablösen.

Ein guter Teil der Unzufriedenheit der Bevölkerung in der DDR über die wirtschaftlichen Verhältnisse artikulierte sich am eklatanten Mangel an verfügbaren Personenwagen, an den unglaublichen Wartezeiten von bis zu 17 Jahren, an der technischen Rückständigkeit von Trabant und Wartburg und an der katastrophalen Ersatzteil- und Werkstattsituation – das alles in einem Industriestaat, der nach dem Bruttosozialprodukt statistisch auf einem respektablen 17. Platz (1986) in der Welt lag. Günter Mittag, im Politbüro verantwortlich für die gesamte Wirtschaft der DDR, ein Mann mit weithin gefürchtetem Durchsetzungsvermögen und in den Augen der Generaldirektoren und der Betriebsleitungen des Automobilbaus die treibende Kraft des seitherigen Anti-Autokurses, wollte nun eine Wende schaffen.

Schon in den siebziger Jahren hatte es einen ersten Schritt gegeben mit der Vereinbarung mit Citroën über den Bau eines Gelenkwellenwerkes in Mosel nördlich von Zwickau, fertig gestellt 1981. Als es nun aber konkret wurde, verließ sich Mittag jedoch nicht auf das Können der Entwicklungsabteilungen in Zwickau und Eisenach sowie im Forschungszentrum von Karl-Marx-Stadt; stattdessen schlug er den Weg der Lizenznahme ein. Eine Fertigungsstraße für Motoren aus dem Volkswagenkonzern, die dort wegen Überkapazitäten nicht mehr gebraucht wurde, war das Kernstück des letzten Kapitels des DDR-Automobilbaus. Die Anlage wurde aus Hannover in das Barkas-Werk nach Karl-Marx-Stadt verpflanzt, die DDR bezahlte mit Rumpfmotoren, die Volkswagen bei sich ergänzte und verbaute. So weit nicht schlecht, gehörten doch zur Grundidee auch neue Karosserien für Trabant und Wartburg.

Die Motorenproduktion lief zwar an, Trabant und Wartburg erschienen mit den Viertaktern, das Ganze war aber erheblich teurer geworden als veranschlagt. Dr. Winfried Sonntag, einst Generaldirektor der Vereinigung Volkseigener Betriebe (VVB) im Automobilbau und langjähriger Leiter des Forschungs- und Entwicklungszentrums in

Nach dem VW-Motor kommt die Montage des Volkswagen Polo und dann ganz schnell das Ende des Trabant – für eine kurze Zeit laufen beide Typen parallel vom Band des Werks in Mosel. Foto: Archiv Redaktion Kraftfahrzeugtechnik (KFT)

Karl-Marx-Stadt, wurde mit der Durchführung des Großprojekts beauftragt (und sein Forschungszentrum deshalb aufgelöst!). Erst nach Vertragsunterzeichnung, so erinnerte er sich später, stellte sich heraus, dass nicht nur an Volkswagen (die vereinbarten) Lizenzgebühren zu zahlen waren, sondern auch an am Motor beteiligte Zulieferer. Der zweite Problemkreis: Die Zulieferer in der DDR mussten vielfach erst in die Lage versetzt werden, ihren Teil in der erforderlichen Qualität beizutragen. Außerdem witterten sie ihre Chance und beantragten Anlagen über den Bedarf der Arbeiten für den neuen Motor hinaus. Gewaltige Investitionen waren nötig, statt der geplanten 3,6 Milliarden Mark verschlang das Projekt 9,7 Milliarden. Trotz der ungünstigen Kostenentwicklung und der umfangreichen Änderungen besonders am Trabant gewann Dr. Sonntag der Aktion rückblickend doch eine gute Seite ab. Die beteiligte Zulieferindustrie in der DDR bekam einen Schub an Neuentwicklung in die Hand und konnte so Rückstände aufholen. Wenige Jahre später ermöglichte ihr genau dies, sich in der Marktwirtschaft zu behaupten. Letztlich hatte der Kraftakt zumindest für den Standort Zwickau und Chemnitz (nach der Revidierung der Umbenennung in Karl-Marx-Stadt) also doch positive Folgen: Das einstige Werk Mosel und das Motorenwerk in Chemnitz gehören heute zur Volkswagen AG und sichern zusammen mit dem ganz neuen Werk wertvolle Arbeitsplätze, im Jahre 2010 waren es 7750. Dazu kommen zahlreiche Zulieferbetriebe. Nicht von Dauer war dagegen die Existenz des Sachsenring-Nachfolgebetriebes Sachsenring Automobiltechnik. Der Automobilzulieferer entwickelte sich zunächst gut, ging aber 2002 in die Insolvenz. Nach wechselvollen Abläufen ging sie in der HQM Sachsenring GmbH auf, die am alten Standort heute wieder 760 Leute beschäftigt.

Tradition und Fortschritt

Das Automobilwerk Eisenach gehört zu den traditionsreichsten Produktionsstätten von Automobilen überhaupt.
1896 entstanden die ersten WARTBURG-Motorwagen und bereits seit 1953 produziert der VEB Automobilwerk Eisenach in Großserien Personenkraftwagen mit Frontantrieb. Unterhalb der Wartburg begründete man damals maßgeblich diese heute weltweit im PKW-Bau vorherrschende Antriebstechnik mit.
Schon immer boten die allseitig bewährten WARTBURG-Automobile einen weit über dem Durchschnitt der Hubraumklasse liegenden hohen Gebrauchswert und eine ausgezeichnete Gesamtwirtschaftlichkeit.
Mit dem IFA-WARTBURG 1.3 stellt das Automobilwerk Eisenach ein Fahrzeug vor, das – die guten Traditionen fortsetzend – ein modernes, nach dem Viertaktprinzip arbeitendes Triebwerk erhielt.
Mit diesem leistungsstarken Motor wird gleichzeitig den verstärkten internationalen Bemühungen zur weiteren Reduzierung der Umweltbelastung Rechnung getragen, da er die für die Abgasemission in der ECE-Regulierung festgelegten Werte erfüllt. Der Einbau des Motors – vorn querliegend – sichert die Beibehaltung der Außenabmessungen und die bekannt gute Manövrierfähigkeit.
Mit dieser Einbauvariante gehen der Einsatz eines neu entwickelten Getriebes, die Verbreiterung der Spurweiten und umfangreiche Veränderungen am Fahrwerk im gesamten vorderen Bereich einher. Karosseriebasis bleibt die stabile Fahrgastzelle mit großem Raumangebot für Insassen und Gepäck in Stufenheckbauweise. Die Beibehaltung der bewährten Rahmenkonstruktion garantiert auch weiterhin die bekannt dauerhafte Stabilität der WARTBURG-Karosserie, ausgeprägt reparaturfreundlich durch leichte Austauschbarkeit exponierter Blechteile.
Die erforderlichen Veränderungen im Karosserie-Frontbereich wurden durch konstruktive Maßnahmen am Fahrzeugheck ergänzt und führen unter Berücksichtigung der Entwicklungstendenzen im internationalen Automobilbau in Verbindung mit schmutzabweisenden, breiten Kotflügelwülsten und breiten Stoßfängern zu einer deutlichen Veränderung des äußeren Erscheinungsbildes des Gesamtfahrzeuges.

VIERTAKT
PREMIERE

Auch der Wartburg erhält noch den Volkswagenmotor – 1,3 Liter Hubraum und 58 PS – und versucht mit dem Typ 1.3 vergeblich sein Glück in der Marktwirtschaft. Hier der Prospekt.

VIER TAKT Auftakt

Zeitgeschichte 1979-1984

1983

Bundeskanzler Helmut Kohl (CDU) gewinnt die Bundestagswahl (6. März) und bildet eine Koalition aus CDU/CSU und FDP.

Als „Milliardenkredit" geht die Bürgschaft der Bundesregierung für einen Kredit westdeutscher Banken für die DDR in Höhe von einer Milliarde DM in die Geschichte ein (29. Juni). Die Schulden der DDR in westlichen Staaten belaufen sich auf zehn Milliarden Dollar.

1984

Der Senat von Berlin (West) übernimmt von der DDR den Betrieb der S-Bahn in West-Berlin (9. Januar).

Auf der Teststrecke im Emsland fährt der erste Transrapid erstmals über 300 km/h.

Mit einem Kurs von 3,17 DM erreicht der Dollar den höchsten Stand seit über elf Jahren.

Ronald Reagan wird zum zweiten Mal zum amerikanischen Präsidenten gewählt.

Die Mindestrente in der DDR wird zum 1. Dezember auf 300 Mark erhöht.

1985

13. Februar: Eröffnung der wieder aufgebauten Semper-Oper in Dresden. Gast ist unter anderen der frühere Bundeskanzler Helmut Schmidt.

Generationswechsel in Moskau: Am 11. März wird Michail Gorbatschow zum Generalsekretär der KPdSU ernannt. Der 54-Jährige beginnt bald mit der Umgestaltung der sowjetischen Gesellschaft, die vier Jahre später zum Zusammenbruch des sozialistischen Systems führen wird.

Boris Becker gewinnt mit 17 Jahren das Tennis-Turnier von Wimbledon (7. Juli).

Forscher entdecken in 4000 Metern Tiefe das Wrack der Titanic.

Erstmals fliegen westdeutsche Wissenschaftler mit der Raumfähre „Challenger" ins All (30. Oktober).

Am 25. November erreicht der Zug Intercity Experimental der Deutschen Bundesbahn die Rekordgeschwindigkeit von 317 km/h.

1986

Am 28. Januar explodiert die US-Raumfähre „Challenger" unmittelbar nach dem Start.

Am 19. Februar trifft Horst Sindermann, Präsident der Volkskammer der DDR, zu einem viertägigen Besuch in der Bundesrepublik ein.

Die erste deutsch-deutsche Städtepartnerschaft zwischen Saarlouis und Eisenhüttenstadt wird am 23. April beschlossen.

In Tschernobyl kommt es durch einen Zwischenfall im Atomkraftwerk zum bis dahin größten Reaktorunfall der Geschichte (26. April). Die Folgen sind dauerhafte gesundheitliche Schädigungen, radioaktive Wolken ziehen bis nach Westeuropa. Der Super-GAU beeinflusst nachhaltig die Atomdebatte in der westlichen Welt.

Argentinien wird Fußballweltmeister (Endspiel 3:2 gegen die Bundesrepublik Deutschland am 30. Juni).

Der Große Preis von Ungarn ist das erste Formel-1-Rennen in einem Ostblock-Staat. Als Sieger geht der Brasilianer Nelson Piquet durchs Ziel.

Erstmals seit Jahren fällt der Dollar-Kurs wieder unter 2 DM.

Kapitel 8

Tatsachen und Emotionen
Der Trabant in der Diskussion

In den Monaten der politischen Wende in der DDR und der Vorbereitung der Deutschen Einheit im Oktober 1990 ist der Trabant immer wieder in die Schlagzeilen der westlichen Medien geraten, ob nun als liebevoll betrachteter Sonderling oder als Quell besonderer Lebensgefahr und Umweltbelastung. Damit ließ sich manche Emotion verkaufen. Regelrechte Wellen der Empörung löste seinerzeit der renommierte Unfallforscher Prof. Dr. Max Danner aus, Leiter des Zentrums für Technik der Allianz-Versicherung in München. Im Sommer 1990 hatte er einen Crash-Test mit einem Trabant durchgeführt und war zu vernichtenden Ergebnissen gekommen, gipfelnd in der Forderung nach einem Fahrverbot für alle Trabis. Weder die Verantwortlichen im Werk noch Trabant-Eigner wollten den schweren Vorwurf auf ihrem Fahrzeug sitzen lassen.

Ein Fehler war dem Unfallforscher auf den ersten Blick nachzuweisen. Er hatte einen P 50 für seinen Test verwendet, ein Fahrzeug also, das zu diesem

Zweimal Crash-Test mit dem Trabant im Jahre 1990. Der erste Test bleibt ohne jede Aussagekraft, weil er mit einem völlig verbrauchten P 50 durchgeführt wird, der zweite liefert allerdings auch keine günstigen Ergebnisse für das technisch veraltete Baumuster Trabant.

Fotos: Archiv Redaktion Kraftfahrzeugtechnik (KFT)

Heikle Lösung für eine ohnehin in der Wirksamkeit umstrittene Technik: Die Benzinleitung der Verbrauchsmomentananzeige verläuft durch crashgefährdete Zonen. Foto: Archiv Redaktion Kraftfahrzeugtechnik (KFT)

Zeitpunkt mindestens 28 Jahre alt war, eindeutig ein Oldtimer. Und das, obwohl Crash-Tests aus Vergleichsgründen immer nur mit Neuwagen durchgeführt werden. Der heftig attackierte Professor sah diesen Missgriff ein und wiederholte den Test mit einem relativ neuen 601. Hier ermittelte er wiederum sehr negative Ergebnisse: Verformung der Bodengruppe nach oben, dadurch hohe Verletzungsgefahr für Beine und Füße, und die weit nach oben geschobene Lenksäule – hohes Verletzungsrisiko für den Kopf – waren die Hauptaspekte der Kritik. Dazu monierte Danner den Tank im Motorraum, der, beim Test aus der Halterung gerissen und stark beschädigt, für Brandgefahr sorgen könne.

Auch andere haben damals getestet, so der TÜV und die DEKRA. Sie kamen zum Teil zu ähnlichen Ergebnissen, aber nicht zu denselben Schlussfolgerungen. Spät, sehr spät hätte es zu einer Aussprache mit früheren Werksverantwortlichen und der Clubszene kommen sollen. Den schon vereinbarten Termin im Sommer 1997 hatte Danner wegen einer plötzlichen Erkrankung absagen müssen, einen Tag nach dem ursprünglich in Zwickau vorgesehenen Treffen verstarb er.

Ernsthaft auseinandersetzen kann sich mit dem Thema nur, wer einen passenden Vergleich anstellt. Passend heißt: mit Kleinwagen aus der Produktionszeit des Trabant, möglichst des 601. Kleinwagen aus den letzten Jahren des Trabant

Bitte bei
geschlossener
Schranke den
Motor
abstellen
Danke
Ihre Stadt Remagen
S5
ZF 87

601 sind der Fiat 126, der Fiat Panda, der englische Mini oder der Renault 4. Zu deren aktueller Zeit interessierten sich die Medien nicht für Crash-Tests. Es ist im Übrigen kaum verwunderlich, wenn eine mehr als 30 Jahre alte Konstruktion aktuellen Ansprüchen nicht mehr standhält. Dass sich der Trabant beim Aufprall der betroffenen Plastikteile entledigt, ist unerheblich. Gewicht hat dagegen die Erkenntnis, dass das stabile Stahlgerippe wenig Verformung zulässt und dadurch viel Aufprallenergie in die Fahrgastzelle gerät. Diese Erkenntnis aus der legendären Unfallforschung von Béla Barényi bei Daimler-Benz ist in der gesamten Autoindustrie sehr spät in die Serie umgesetzt worden, sieht man von Vorreiter Mercedes-Benz ab. Erst in den 1970er Jahren erschienen in der Mittelklasse Autos, die das konsequent berücksichtigten. Fortschritte hatte es dabei in der Regel nur in den Klassen über dem Trabant gegeben. Kleinwagen fehlt es eben einfach an Raum. Der VEB Sachsenring befand sich mit seiner Sicherheitsnorm, die ja stets auch die ECE-Richtlinien erfüllte, insofern also in „guter“ Gesellschaft.

In einigen Punkten machte der Trabant bei den Tests um 1990 sogar eine relativ gute Figur, so beim Wert der horizontalen Eindringung der Lenksäule in die Fahrgastzelle. Hoch war der Wert dagegen bei der vertikalen Eindringung. Zitat aus der Zeitschrift KFT, die den zweiten Crashversuch von Prof. Danner begleitet hatte: „Bereits nach 40 ms haben Lenksäule und Lenkrad ihre Position verlassen. Eine deutliche Aufstellbewegung der Lenkungsteile um rund 250 Millimeter nach oben in den Innenraum führt zum harten Kopfaufprall des Fahrers auf das Lenkrad. Die PUR-Umschäumung nimmt nahezu keine Energie auf. Es wurden Kopfbeschleunigungen von weit über 100 g gemessen. Der exakte Wert läßt sich nicht ermit-

Nicht so schlecht wie ihr Ruf, aber doch die Umwelt stark belastend, laufen die Zweitaktmotoren. Dieser P 601 kam in den Monaten der politischen Wende in die Bundesrepublik. Foto: Heinz-Toni Sesterheim

Das Thema Zweitaktmotor schlägt in der alten Bundesrepublik in den Monaten nach der politischen Wende hohe Wellen in den Medien – zum Teil zu Unrecht.

teln, weil damit der Meßbereich des Gebers bereits überschritten ist. Für eine Überlebenschance sind im Kopfbereich Werte von 80 g schon als sehr bedenklich einzustufen …" Dank der starren Fahrgastzelle lassen sich die Türen nach dem Aufprall zwar gut öffnen, der Abbau der Stoßenergie war aber zu niedrig gewesen. So zeigt eines der Testergebnisse aus dem zitierten Versuch, dass die Gesamtverformung des Trabant der des Volkswagen Polo von 1979 entspricht, dieser aber weit mehr Bewegungsenergie in Verformungsarbeit umwandelt als der Trabant. Bedenklich auf den ersten Blick für ein bis 1990 produziertes Auto schien der vorn eingebaute Tank. Das Werk war sich der Gefahr bewusst und hat gerade unter diesem Aspekt gründlich getestet mit dem Ergebnis, dass alle jeweils aktuellen Vorschriften eingehalten wurden. Die 1984 eingeführte Kraftstoffverbrauchsanzeige in Form eines Gebers direkt hinter der Frontschürze und der dazugehörigen Benzinschläuche hatte die Situation an diesem Punkt allerdings verschärft.

Ein Fazit aus heutiger Sicht: Der Trabant ist ein Oldtimer und war es auch schon 1990. Er konnte nicht die aktuellen Sicherheitsvorgaben der neunziger Jahre erfüllen. Im Vergleich zu seinen „Zeltgenossen" ist der Trabant vermutlich nicht unsicherer als ein Fiat 600, NSU Prinz 4 oder ein Renault 4, vielleicht in dem einen oder anderen Punkt sogar sicherer. Beweisen lässt sich das freilich nicht, denn Crash-Tests mit diesen Autos in neuwertigem Zustand wurden zwar gemacht, die Ergebnisse schlummern aber in den Werksarchiven. Dass die Konzeption des Trabant spätestens in den siebziger Jahren den Anschluss an den technischen Standard verloren hatte, zeigt auf diesem Gebiet eher der Vergleich mit größeren Fahrzeugen, etwa in der Kompaktwagenklasse.

Ein echtes Medien-Märchen sind übrigens die angebliche leichte Brennbarkeit der Duroplast-

Viel wäre dem Trabant geholfen, hätte es das angestrebte Mischungsverhältnis 1:100 (Liter Öl zu Benzin) schon gegeben.

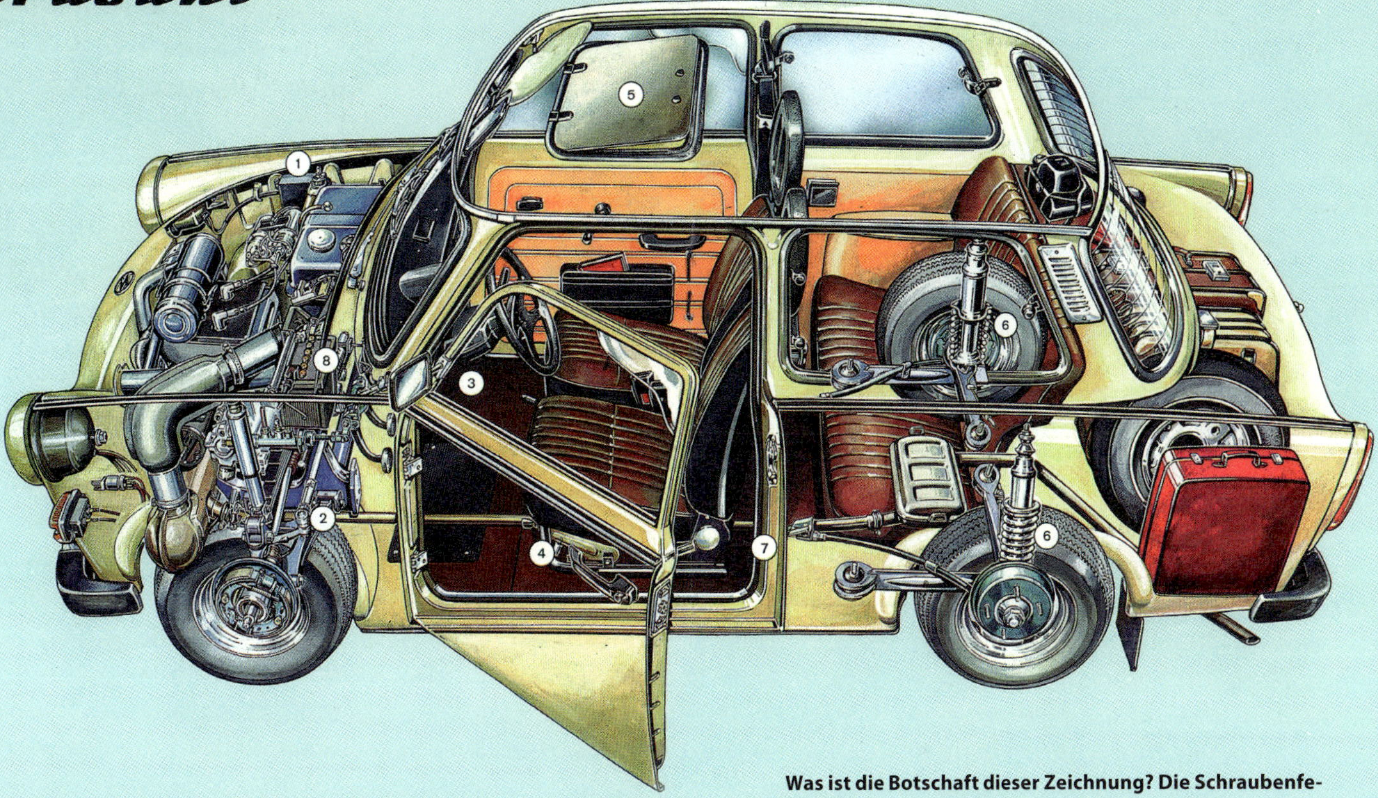

Was ist die Botschaft dieser Zeichnung? Die Schraubenfedern hinten sind eingeführt. In der Praxis harmonierten sie schlecht mit der Querblattfeder vorn.

Beplankung und die gelegentlich kommunizierte umweltbelastende Entsorgung dieses Werkstoffs. Die Entzündungstemperatur von Duroplast entspricht der von Aluminium und liegt höher als der entsprechende Wert von Teilen der Innenausstattung wie sie andere Autos auch haben. Und die brennt bekanntlich zuerst. Auch finden sich nirgends Belege für giftige Substanzen im Duroplast, trotz gelegentlich gegenteiliger Behauptungen in den hitzigen Monaten der Wendezeit.

Die Abgase

Abgase von Zweitaktmotoren machen sich – bedingt durch die Ölbeimischung – stets nachhaltig für Auge und Nase bemerkbar. Und das kann die Menschen so stören, dass sie sich von dieser Technik abwenden. Die blaue Fahne an Neuwagen war einer der Todesstöße für die im Prinzip sehr bewährten DKW in der alten Bundesrepublik. Und als Trabant und Wartburg im Zuge der Fluchtwelle von DDR-Bürgern im Herbst 1989 sehr zahlreich in der Bundesrepublik auftauchten, dauerte es nicht lange, bis sich eine Debatte um die Umweltverträglichkeit der Zweitakter entspann. Wie sah die Lage damals aus?

In der Bundesrepublik waren fast alle Neuwagen mit Katalysator ausgerüstet. Nur wenige Hersteller hatten noch Fahrzeuge im Programm, die es nur auf Wunsch mit Kat oder überhaupt ohne gab. Das waren allerdings exakt die Konkurrenten des Trabant. Der britische Mini, der japanische Daihatsu Coure, der da schon ausschließlich aus jugoslawischer Produktion stammende Renault 4 und sogar einzelne Modelle aus der Baureihe des Ford Fiesta hatten noch keinen Katalysator, Seat Marbella oder Fiat Panda bekamen ihn auf Wunsch eingebaut. Also stand ein Trabant 601 mit Zweitaktmotor und ohne Kat gar nicht so exotisch da wie es viele Medien glauben machen wollten.

Was kaum wahrgenommen wurde: Von den drei gravierenden Giften aus Verbrennungsmotoren weist der Zweitaktmotor in der Bauart des Trabant in zwei Fällen wesentlich günstigere Werte auf als ein Viertakter (mit den um 1990 üblichen Zwei-

Wie sicher und sauber ist der Trabant? Das ist immer wieder Thema um das Jahr 1990. Das Bild stammt von einer freiwilligen Prüfaktion aus jener Zeit. Pressefoto: Dekra

wegekatalysatoren), nur im dritten wesentlich ungünstigere. Besser schneidet der Zweitakter etwa bei den Stickoxiden (NOx) ab, verantwortlich für das bodennahe Ozon, also den Sommersmog, der zu Ozonalarm führen kann. Nur ein Zehntel der Viertaktwerte entströmen hierbei dem Zweitaktauspuff, ganz ohne Kat, allein aufgrund der Arbeitsweise bei geringer Verdichtung. Dann das Kohlenmonoxid (CO), ein Atemgift, das zu erheblichen Belastungen des menschlichen Körpers führen kann: Hier bringt der Zweitakter, gemessen im Leerlauf, nur die Hälfte des Viertakt-Vergleichswertes auf die Straße. Beim Giftausstoß kommt es aber auf den tatsächlichen Verbrauch an. Der Trabant 601 konsumiert mit rund sieben Litern auf 100 Kilometern zwar viel für einen Kleinwagen, aber keinesfalls mehr als größere Autos mit Viertaktmotor.

Das systembedingte Dilemma des Zweitaktmotors ist jedoch der Ausstoß an unverbrannten Kohlenwasserstoffen. 30 Mal mehr als ein Viertakter bringt er zuwege, hier ist die Bilanz wirklich schlecht. Dies liegt daran, dass ein Teil des Frischgemisches über die Schlitzsteuerung verloren geht. Das Schmieröl findet sich in der Folge unverbraucht im Auspuff wieder und sorgt dort für die typische blaue Zweitaktfahne. Vielfache Bemühungen galten dem Ziel, den Ölanteil im Zweitaktkraftstoff zu minimieren, im Versuch liefen die Motoren mit einem Mischungsverhältnis Öl zu Benzin von 1:100. Die permanent anfallenden Ölreste sind auch eine Erklärung für die Probleme mit Nachrüst-Katalysatoren für Zweitakter. Unverbrannte Kohlenwasserstoffe (HC) sind verantwortlich für Schleimhautreizungen und können Krebs erregen. Zweitaktmotoren auf dem technischen Stand des Trabant waren deshalb schon lange nicht mehr aktuell und sind dann ja auch von Sachsenring noch außer Dienst gestellt worden (wäre es nach dem Werk gegangen, hätte diese Ablösung ohnehin viel eher stattgefunden).

Es gilt für die seinerzeit entbrannte Umweltdebatte dasselbe wie für die Sicherheitsdiskussion: Mitte der neunziger Jahre ist der Trabant längst ein Oldtimer, gleichzusetzen mit DKW und Goggomobil, mit einem beliebigen Benziner ohne Katalysator.

Zeitgeschichte 1987-1990

1987

Helmut Kohl bleibt nach der Bundestagswahl am 25. Januar Bundeskanzler und führt weiterhin eine Koalition von CDU/CSU und FDP.

SED-Generalsekretär Erich Honecker distanziert sich in einer Rede von Gorbatschows Reformpolitik (6. Februar).

Vom 7. bis 11. September Staatsbesuch von Erich Honecker in der Bundesrepublik.

Ronald Reagan und Michail Gorbatschow einigen sich über die Vernichtung atomarer Mittelstreckenraketen (8. Dezember)

1988

Mehr als 120 Mitglieder der Bürgerrechtsbewegung in der DDR werden im Vorfeld und während einer offiziellen Demonstration festgenommen, als sie in Berlin-Friedrichsfelde zum Andenken an die kommunistischen Kämpfer Rosa Luxemburg und Karl Liebknecht regimekritische Parolen verbreiten – der Beginn der Proteste in der DDR, die zu ihrer Auflösung führen werden.

Die UdSSR beginnt mit der Demontage ihrer Mittelstreckenraketen in der DDR und in der Tschechoslowakei (25 Februar).

Die Umweltminister der EU bestimmen Maßnahmen zur Reduktion des klimaschädlichen Reizgases FCKW.

Steffi Graf gewinnt erstmals das Tennisturnier in Wimbledon (2. Juli).

Die UNO vermittelt einen Waffenstillstand zwischen dem Iran und dem Irak und beendet damit den ersten Golfkrieg (20. August). In acht Jahren hat es 500.000 Tote gegeben.

Beim Grand Prix von Japan sichert sich Ayrton Senna den Formel-1-Weltmeistertitel.

George Bush wird zum neuen Präsidenten der USA gewählt (8. November).

Die dreimillionste Wohnung aus dem Wohnungsbauprogramm der DDR wird übergeben.

1989

Mai bis November

Die Kommunalwahlen am 17. Mai werden zum Anlass deutlicher Proteste aus der Bevölkerung, die Partei und Staat Wahlfälschungen vorwerfen. Mehr und mehr formiert sich eine Opposition in der DDR. Mit der schrittweisen Öffnung der ungarischen Grenze nach Österreich ab dem 2. Mai setzt nach und nach eine Flüchtlingswelle von DDR-Bürgern über Drittstaaten in die Bundesrepublik ein. Bis zur Öffnung der Berliner Mauer am 9. November werden es 225.233 Menschen sein, die auf diesen Wegen aus der DDR in die Bundesrepublik übersiedeln. In der DDR treffen sich seit dem 4. September Demonstranten in der Nikolaikirche in Leipzig. Daraus werden die Montagsdemonstrationen überall im Land. Die Teilnehmer fordern freie Wahlen, Reise- und Ausreisemöglichkeiten und generell demokratische Erneuerung, später die Vereinigung mit der Bundesrepublik. Die Feierlichkeiten der DDR zum 40-jährigen Bestehen am 4. Oktober sind von diesen Demonstrationen bereits überlagert.

Am 9. November tritt überraschend eine umfassende Regelung zur Öffnung der DDR-Grenzen nach Westen in Kraft, die Mauer ist gefallen.

Die DDR-Volkskammer wählt am 13. November Hans Modrow zum Ministerpräsidenten. Er folgt auf Egon Krenz, der am 18. Oktober Erich Honecker abgelöst hatte.

1990

Am 18. März erste freie Wahl zur DDR-Volkskammer.

Am 21. Juni stimmt die Volkskammer mit großer Mehrheit der Währungs-, Wirtschafts- und Sozialunion mit der Bundesrepublik Deutschland zu.

12. September: Mit der Unterzeichnung des „Vertrags über die abschließende Regelung in Bezug auf Deutschland" erkennen die Sowjet-Union, die USA, Großbritannien und Frankreich und die zwei deutschen Staaten die deutsche Vereinigung völkerrechtlich an. Die Endgültigkeit bestehender Grenzen wird dabei festgeschrieben.

Am 20. September verabschieden Bundestag und Volkskammer jeweils mit der vorgeschriebenen Zweidrittelmehrheit den Einigungsvertrag beider Staaten.

Am 3.Oktober tritt die DDR der Bundesrepublik bei, die Deutsche Einheit ist vollzogen.

Am 8. Juli wird die Mannschaft der Bundesrepublik Deutschland Fußballweltmeister (1:0 gegen Argentinien, Endspiel in Rom am 8. Juli).

Formel-1-Weltmeister wird der Brasilianer Ayrton Senna (McLaren).

Die erste gesamtdeutsche Bundestagswahl am 2. Dezember gewinnt die Koalition aus CDU/CSU und FDP, Helmut Kohl bleibt Kanzler.

Eine Zahl mit Symbolwert auf dem Pullover des Jungen: 14 Jahre hatte unter Umständen ein Besitzer auf seinen Trabant warten müssen, 14.000 Mark bezahlt und ihn nach der Wende gegebenenfalls für nur 1400 DM weiter verkauft …
Foto: Matthias Röcke

Kapitel 9

Wurzeln der Legende
Alltag mit dem Trabant

Das Phänomen Trabant lässt sich nur verstehen, wenn man die Umstände kennt, unter denen er entwickelt und verkauft werden musste. Einerseits entsprach er dem Sinnbild technischer Rückständigkeit, andererseits schätzten ihn seine Nutzer sehr wegen seiner Strapazierfähigkeit und Zuverlässigkeit. Mit dem Trabant in den Urlaub oder auf der in der Mangelwirtschaft dringend erforderlichen Einkaufstour über Land – das nach langer Wartezeit überteuert erworbene Auto gehörte quasi zur Familie. Er spielte die Rolle des treuen Begleiters, wie der Name schon sagt (und eigentlich nur an den Erdtrabant „Sputnik" erinnern sollte, den die Sowjet-Union 1957 gezündet hatte, um der westlichen Welt technische Überlegenheit zu demonstrieren). Dabei wird kaum ein Trabant-Eigner den spätestens ab den 1970er Jahren veralteten technischen Standard des Fahrzeugs übersehen haben. Seinen heute immer noch aktuellen Stellenwert als Oldtimer und Kultfahrzeug hatte der „Volkswagen der DDR" schon zu „Lebzeiten" erreicht.

Bereits zum Debüt des Trabant P 601 im Jahre 1964 war der Kleinwagen für ein neues Modell nicht mehr auf dem aktuellen Stand der Automobilwelt, alle seine Nachfolger markierten Schritte auf dem Weg zum frisch von Band laufenden Oldtimer. So niedlich das auch klingt, stellt es doch ein negatives Zeugnis aus. Allerdings nicht dem Herstellerwerk, sondern der für die zentralistische Planwirtschaft in der DDR verantwortlichen, staatstragenden Partei SED. Starre Planvorgaben und nur die großen Zahlen und Ziele im Blick, die nicht einzuhalten waren und dazu fachliche Fehlentscheidungen im Kraftfahrzeugbau verursachten das Dilemma. Nicht einmal das theoretisch ganz gut klingende Modell, Konsumgüter wie Autos zu überhöhten Preisen anzubieten, um damit Sozialleistungen – oft noch nominell auf dem Stand der 1930er Jahre – zu finanzieren, ging auf. Die DDR war am Schluss abgewirtschaftet und nahezu bankrott und das trotz einer Statistik, die sie – gerechnet nach dem offiziellen Bruttosozialprodukt – auf Platz 17 der Industriestaaten der Welt auswies. Auch der Volkswagen Käfer, der „Volkswagen des Westens", wurde eigentlich zu lange als technisch veraltetes Auto produziert. Er schaffte es dennoch, sich auf dem freien Markt durchzusetzen – auch weil er als Mittelklassewagen besser nutzbar war. Vom zögerlich agierenden Volkwagenwerk wurde er dann Mitte der 1970er Jahre unter dem Druck des Marktes gerade noch rechtzeitig abgelöst. Das blieb dem Trabant 601 zwar erspart, doch wurde damit nach der politischen Wende in der DDR sein plötzliches Ende besiegelt – den Nachfolger Trabant 1.1 eingeschlossen.

Frisch ausgelieferte Autos, Konsumgüter nach Wunsch – das ist der schöne Werbetraum für die Kundschaft in der DDR. Der Wartburg Tourist stielt dem Trabant Universal fast die Schau. Foto: Archiv Automobilmuseum Zwickau

FM 72-99

So teuer die heiß begehrten Konsumgüter – allen voran das Auto – in der DDR auch sind, der dabei abgeschöpfte Gewinn reicht nie, um die hohen Sozialausgaben zu finanzieren.
Foto: Archiv Automobilmuseum Zwickau

Die Unzulänglichkeiten der rücksichtlos durchgesetzten Planwirtschaft bekam natürlich auch die Auto fahrende Bevölkerung zu spüren. Wartezeiten auf Neuwagen von zwölf Jahren – in manchen Regionen wie der Hauptstadt Berlin lagen sie niedriger, anderswo höher –, hohe Kaufpreise, ein eklatanter Ersatzteilmangel – obwohl die Autoindustrie der DDR 35 Prozent ihrer Kapazität der Ersatzteilherstellung widmete, gelang nie eine auch nur annähernd komplette Versorgung des völlig veralteten Fahrzeugbestands –, ein immer mehr vernachlässigtes Straßennetz, die nie ausreichend entwickelte Infrastruktur bei Tankstellen und Werkstätten, das alles machte das Leben mit dem Auto mühselig. Der Trabant und alle anderen Fahrzeuge waren viel mehr wert als ihr Kaufpreis. So geriet ein Unfall mit Totalschaden auch dann zur Katastrophe, wenn die Versicherung den Tageswert erstattete. Denn ein neues Auto gab es nur, wenn einer aus der Familie auf der Warteliste ganz weit oben stand. Der Trabant P 50 kostete 8360 Mark, der Trabant P 601 am Schluss rund 12.500 Mark. Das Durchschnittsbruttoeinkommen eines Haushaltes in der DDR lag 1989 bei 1290 Mark, das einer Familie mit üblicherweise zwei Verdienern bei rund 1800 Mark (Durchschnittsbruttoeinkommen in der Bundesrepublik pro Haushalt: 3876 DM). Nach derselben Statistik (Quelle: Fischer Welt-Almanach 1990) blieb jedem Verdiener in der DDR dabei ein Sparbetrag von 76 Mark (Bundesrepublik: 251 DM). Und doch war in der DDR nicht das Geld das Hauptproblem, sondern die Verfügbarkeit der begehrten Ware. Dazu zwei Zahlen aus der zitierten Übersicht: Nur 52 Prozent der Haushalte verfügten in der DDR über ein Auto und über einen Farbfernseher, in der Bundesrepublik waren es 97 beziehungsweise 94 Prozent.

Insgesamt ging es bei der Fahrzeugzuteilung immerhin gerecht zu, dafür sorgte der IFA Vertrieb, die Flächen deckend arbeitende staatliche Handelsorganisation für private Kraftfahrzeuge. Ausnahmen bildeten Sonderzuteilungen zum Beispiel an Spitzensportler oder Mitarbeiter der Staatssi-

Preise für Liefermonat:		März	April	Mai	Juni	Juli	Aug.	Sept.	Okt.	Nov.	Dez.
Trabant 601 Universal Standard	**Artikel-Nr.**	70.403	70.404	70.405	70.406	70.407	70.408	70.409	70.410	70.411	70.412
(Grundpreis 5 990 + Pauschale*)	**Gesamtpreis:**	**6 210**	**6 194**	**6 176**	**6 158**	**6 142**	**6 125**	**6 109**	**6 092**	**6 075**	**6 058**
Trabant 601 Universal -S-	**Artikel-Nr.**	70.503	70.504	70.505	70.506	70.507	70.508	70.509	70.510	70.511	70.512
(Grundpreis 6 235 + Pauschale*)	**Gesamtpreis:**	**6 455**	**6 439**	**6 421**	**6 403**	**6 387**	**6 370**	**6 354**	**6 337**	**6 320**	**6 303**
Trabant 601 Universal -S- de Luxe	**Artikel-Nr.**	70.703	70.704	70.705	70.706	70.707	70.708	70.709	70.710	70.711	70.712
(Grundpreis 7 165 + Pauschale*)	**Gesamtpreis:**	**7 385**	**7 369**	**7 351**	**7 333**	**7 317**	**7 300**	**7 284**	**7 267**	**7 250**	**7 233**

* In der Pauschale ist u.a. die Haftpflichtversicherung für das laufende Jahr enthalten. Detaillierte Informationen Seite 239. Kaskoversicherungen Seite 210.

215

Für Westgeld kaum Lieferzeiten – so agierte die DDR beim Handel über Genex. Hier ein Ausriss aus dem letzten Genex-Katalog 1989.

cherheit – und der Vertrieb über den Genex-Versand. Hier bestellte Westverwandtschaft das rare DDR-Produkt – vom Fresskorb bis zum Fertighaus – in harter DM. Das machte der DDR-Wirtschaft Beine, denn ein Auto kam statt erst nach vielen Jahren schon nach wenigen Wochen in der DDR zur Auslieferung und das zu einem relativ moderaten Preis (Trabant 601 S de luxe 1989: 6175 DM).

Aber auch der Umgang mit dem Mangel hatte eine gute Seite. Stolz war derjenige DDR-Bürger, der seine Familienmitglieder so in die Warteliste eingereiht hatte, dass alle paar Jahre ein neues Auto zugeteilt wurde und der Gebrauchte mehr als den Neupreis erzielte. Da musste auch schon einmal die Oma herhalten, die gar kein Auto brauchte. Die sorgsam geplante Urlaubsfahrt mit dem Trabant nach Ungarn einschließlich rechtzeitiger Tauschaktion für Ersatzteile wurde zum positiven, bis heute unvergessenen Abenteuer. So hat sich gerade der Trabant als treuer Begleiter seinen Ruf aufgebaut, der mehr als 20 Jahre nach seinem Ende in der sehr lebendigen Fan-Szene nachhallt.

Nicht aufzuhalten ist der Preisverfall beim Trabant in den Monaten nach der politischen Wende. Der vom Werk festgesetzte DM-Preis von 12.753 ist schnell Makulatur. Foto: Matthias Röcke

Wohl dem, der nicht nur einen Trabant, sondern auch einen Anhänger sein eigen nennt – ein in der DDR seltener und höchst komplizierter Hausbau lässt sich damit viel leichter bewältigen.

FM72-99

Straßenszenen aus der DDR: In der Erfurter Fußgängerzone haben sich Wartburg und Trabant nur für das Werbefoto aufgehalten (links), der Trabant 601 mit dem Lastenanhänger HP 300.01 bewegt sich dagegen mitten im Alltag.

Kapitel 10

Rallye und Rundstrecke – **Der Trabant war dabei**

Der Trabant auf Rundstrecke und Rallyepiste, das gehörte durchaus zusammen – sogar bis ganz zum Schluss. Der Sport hat den Trabant immer begleitet, die Einsatzfahrzeuge für den Rallyeeinsatz existierten sogar länger als der Alltags-Trabant. Noch bevor die Serie begann, gingen nämlich Wettbewerbs-Trabis an den Start, so bei der Wartburg-Rallye im Oktober 1957, allerdings außer Konkurrenz, weil nur Serienfahrzeuge homologiert werden können. Und bis 1995, so lange wie die 1990 noch einmal verlängerte Homologation lief, fuhren vereinzelt Trabis im Rallye-Look sogar bei Weltmeisterschaftsläufen mit. Seitdem haben sie bei für Oldtimer reservierten Veranstaltungen eine neue Heimat gefunden. Das gilt auch für die Rundstrecke.

Eine kleine, aber sehr effektive Sportabteilung – in den achtziger Jahren waren es nicht mehr als elf Leute – organisierte ab dem Jahre 1960 den Rallye-Einsatz. Bei der Vorbereitung der Wettbewerbsfahrzeuge fiel manche Erkenntnis für die Versuchsabteilung ab. Einige Rennfahrer arbeiteten nach dem Ende ihrer aktiven Rallye-Zeit im Versuch, eine gegenseitige Befruchtung war unverkennbar. Vor 196o waren die Trabant-Fahrer für den MC Zwickau gestartet.

Zu jener Zeit hatten kleine, von der Serie kaum abweichende Rallyewagen gute Chancen auch auf den Gesamtsieg. Es ging noch nicht um die pure Geschwindigkeit auf Sonderprüfungen, sondern mehr um gleichmäßiges Fahren, um Orientierung und um das bloße Bewältigen langer und strapaziöser Strecken. Sogenannte Sprintprüfungen als Vorläufer späterer Sonderprüfungen stellten damals nur einen kleinen Teil des Programms dar. So ist auch der großartige Triumph bei der Rallye Hanseat 1961 in der Bundesrepublik zu erklären, einer der ersten Trabant-Erfolge auf internationaler Ebene. Galle/Georgi und Feldmann/König mussten sich bei Punktgleichheit den ersten Platz teilen, Asmus/Piehler wurden Dritte. Zu den 30 Jahren Zwickauer Werkssport gehören immerhin acht Gesamtsiege, der letzte wurde 1972 errungen. 845 Starts in 13 Ländern Europas haben die Statistiker gezählt. 177 Klassensiege, 1110 zweite und 83 dritte Plätze in den jeweiligen Klassen sind dabei herausgekommen. Innerhalb des seinerzeit in sozialistischen Ländern ausgeschriebenen Pokals für Fabrikmannschaften gewannen die Zwickauer 26mal die Wertung.

Dass Gesamtsiege in den siebziger Jahren allmählich unerreichbar wurden, bei Veranstaltungen im westlichen Ausland in aller Regel auch Klassensiege, lag an den tiefgreifenden Veränderungen des Rallyesports. Mehr und mehr kam es auf die PS-Leistung an, es setzte ein Wettlauf ein. Sachsenring hätte ein spezielles Rallyeauto gebraucht, bekanntlich hatte man aber andere Sorgen beim VEB Sachsenring …

Zu einem Problem wurde mehr und mehr auch die internationale Klasseneinteilung. Fahrzeuge bis 600 cm^3 Hubraum gab es auf dem Weltmarkt kaum noch, entsprechend dünn war deshalb das Starterfeld bei Rallyes. Teilweise in der Klasse bis 850 cm^3, bis 1000 cm^3, oft sogar bis 1150 cm^3 und 1300 cm^3, dann gemeinsam mit den Eisenacher Brüdern der Wartburg-Sportabteilung, mussten die Zwickauer an den Start gehen. Dennoch gab es gute Erfolge sogar bei Weltmeisterschaftsläufen. 1970 schafften Asmus/Piehler und Galle/Müller einen Doppelsieg in der Klasse bis 850 cm^3 bei der Rallye Monte Carlo. Einen zweiten Platz gab es bei der Rallye Akropolis 1980.

Starts im westlichen Ausland sollten den Absatz fördern. So wurde in Griechenland eine Zeit lang der Tramp verkauft, Belgien, Dänemark und die Niederlande waren Trabant-Märkte. Deshalb gehörten Rallyes in diesen Ländern und anfangs auch in Österreich zum Jahresprogramm der Sportabteilung. Vor allem aber die berühmte Rallye der 1000 Seen in Finnland. Nicht weniger als 27mal waren Werkstrabanten am Start dieses höchst anspruchsvollen Weltmeisterschaftslaufes, 14 Klassensiege gab es dabei, den letzten 1981. Beim allerletzten Start in Finnland 1989 stellte sich noch einmal ein großer Erfolg ein: Platz 2, 3 und 4 in der Klasse und der Sieg im Wettbewerb der Fabrikmannschaften (um den sich allerdings nicht viele Konkurrenten bewarben). Die guten Platzierungen zu dieser Zeit erklären sich selbstverständlich aus der Klasse der Besatzungen und

Als seriennahe Rallyefahrzeuge noch in der Gesamtwertung mitmischen können, schlägt sich der Trabant achtbar in dieser Motorsportdisziplin. Foto: Archiv Automobilmuseum Zwickau

aus der Zuverlässigkeit des leistungsmäßig unterlegenen Trabant, aber auch aus der eingespielten Werksmannschaft. Zwar agierte das Team mit dem Verhältnis 1:1 Wettbewerbsauto – Servicewagen gegenüber den Großen im Rallyesport extrem bescheiden, gegenüber der privaten Konkurrenz in dieser Klasse wirkte sich der Professionalismus im kleinen Rahmen natürlich trotzdem sehr positiv aus. Geradezu berühmt waren bei Kennern der Werksszene die am Fahrwerk verstärkten Trabant Universal als Service-Fahrzeuge der ersten Jahre. Unverzichtbare Dienste leistete später der Transporter Barkas, wie der Trabant ein zuverlässiger, extrem belastbarer Wagen. Der B 1000 genannte Eintonner rollte als Transporter für die Ersatzteile und als Zugfahrzeug für die Wettbewerbsautos auf der Hin- und Rückreise.

Die Werksmannschaft ging auch bei den Läufen zur DDR-Meisterschaft an den Start, hier naturgemäß mit allerbesten Erfolgsaussichten in ihrer Klasse. Mehrere DDR-Meistertitel holten sich die Trabantfahrer. Gelegentlich gelang sogar eine Plazierung vor den Werks-Wartburg aus Eisenach, ein Ereignis, über das man sich in Zwickau besonders freuen konnte. Ein drittes Betätigungsfeld stellte der „Pokal für Frieden und Freundschaft der sozialistischen Länder" dar, eine Art Europameisterschaft des Ostens. Hier gab es sogar eine Wertung für Nationalmannschaften, im Motorsport ansonsten völlig unüblich. Eingespielte Teams im Rallyeauto bildeten in den achtziger Jahren Heinz Galle/Wolfgang Kießling, Frank Ficker und Reiner Leonhardt und das Team Weichsel/Richter.

Auch an der Basis wird Motorsport betrieben. Zahlreiche Clubs und einzelne Aktive beteiligen sich mit dem Trabant an Tourenwagenrennen und Rallyes. Foto: Veronika Amendt

Allerdings mussten die Rallye-Piloten nicht mit den wenigen PS des Serientrabant auskommen. So weit das Reglement es zuließ, gab es immer schon Verbesserungen am Trabant 601, ab 1980 erlaubte die Motorsportbehörde FIA dann auch umfangreichere Veränderungen an Serienfahrzeugen. In Zwickau führte das zur Entwicklung des Trabant 800 RS. Als Fahrzeug der neuen Gruppe A startete er ab 1986 vor allem international. Der vergrößerte Hubraum gestattete eine Leistung von 65 PS. Zusammen mit einer speziellen Auspuffanlage und einem Fünfganggetriebe bildete der 800 RS ein respektables Kraftpaket. Ein solches Fahrzeug aus der letzten Zeit ziert heute die Sammlung des Automobilmuseums Zwickau, ein weiteres befindet sich in Sammlerhand.

Mit dem 30. Juni 1990 war dann das Ende der Trabant-Sportabteilung gekommen. Sie wurde liquidiert, ein Vorbote des Schicksals des ganzen Werkes. Der allerletzte Rallye-Einsatz bei der jugoslawischen Rallye Saturnus und dort ein vierter Platz in der Klasse bis 1150 cm^3 lagen da erst gut einen Monat zurück.

Trabant auf der Rundstrecke

Gegenüber seinem Rallye-Kollegen wesentlich kleiner war das Aktionsfeld des Renn-Trabant. Dennoch gerieten die Auftritte der „Rennpappen" – so der Spitzname beim Publikum – äußerst spektakulär. In der von einer großen Zuschauerbegeisterung getragenen Motorsportszene der DDR – Besucherzahlen an großen Rennwochenenden an Sachsen-

Trabant-Rennen am Nürburgring: 1990, im Jahr der deutschen Einheit, zeigen die Trabant-Fahrer, wie spannend auch in der DDR Motorsport war. Foto: Heinz-Toni Sesterheim

ring oder Schleizer Dreieck lagen mit 150.000 noch Ende der achtziger Jahre so hoch wie in besten Zeiten des guten alten Nürburgrings im Westen – zählten die Läufe der Trabant stets zu den Höhepunkten. Ähnlich den Markenpokalen im Westen, allen voran der Renault-5-Pokal, reizte die relative Chancengleichheit der Fahrzeuge ebenso wie die Identifizierung der Zuschauer mit dem ihnen bestens vertrauten Autotyp.

Allein die Vorstellung, dass im Renn-Trabant nicht 26, sondern bis zu 70 PS schlummerten, übte eine besondere Faszination aus. Zum Beispiel der Wagen von Steffen Nickoleit, DDR-Meister auf der Rundstrecke in der Saison 1987. Im Gegensatz zum Rallyeauto blieb der Hubraum hier unverändert, lediglich ein geringes Ausschleifen der Zylinder war erlaubt. Zur Leistungssteigerung verhalfen stark vergrößerte Überströmkanäle und ein Vergaser mit einem Durchmesser von 34 Millimetern, der aus der Motorradtechnik stammte. Die Drehschieber wurden zugunsten optimaler Steuerzeiten verändert. Außerdem wurde der Wagen abgespeckt, Motor und Getriebe tiefer gelegt, das Fahrwerk auf negativen Sturz getrimmt und die Spur um 50 Millimeter verbreitert. Die ganze Abmagerungskur – reduzierte Innenausstattung nicht gerechnet – brachte einen Gewichtsvorteil von rund 80 Kilogramm. So vorbereitet lief der Renn-Trabant 170 km/h, wobei Nickoleit dem Feld keineswegs enteilen konnte. Die Entscheidungen waren immer knapp, rund 30 Fahrzeuge gingen am Sachsenring an den Start. Ein Vergleich der Rundenzeiten: Beim Sachsenring-Rennen 1989, dem letzten vor der politischen Wende in der DDR, schaffte Trabant-Sieger Klaus Schumann die schnellste Rennrunde in 3:14,96 Minuten, der Sieger der Klasse bis 1300 cm^3, Klaus Gohlke auf Lada, erreichte als schnellste Rennrunde 3:01,58. Letzter DDR-Meister auf Trabant wurde 1990 Kay Kögler aus Erfurt.

Kapitel 11

Trabant
Technische Daten

Gepflasterte Straßen, alte Straßenbahnzüge und mitten drin der Trabant – eine typische Straßenszene aus der DDR, aufgenommen 1979 in Karl-Marx-Stadt (heute wieder Chemnitz). Foto: Udo Paulitz

328
3
64

	P 70 (1955 – 1959)	**P 50** (1957 – 1962)
MOTOR		
	Zweiylinder-Zweitakter, wassergekühlt	Zweizylinder-Zweitakter mit Flachdrehschieber, luftgekühlt über Axialgebläse
Motorentyp	P 70	P 50 (1958-1959)
Hubraum in ccm	690	499
Bohrung x Hub in mm	76x76	66x73
PS bei U/min	22/3500	18/3750
max. Drehmoment	5,4	4,15
mkg bei U/min[1]	3500	2750
Verdichtung	6,8:1	6,6:1
Schmierung / Öl zu Kraftstoff	1:25	1:25
Batterie	12V/70 Ah	6V/56 Ah
Lichtmaschine	Dynastart 250 W	180 W
Gemischaufbereitung	1 Flachstromvergaser	1 Flachstromvergaser
KRAFTÜBERTRAGUNG		
	Frontantrieb, Einscheibentrockenkupplung	
	Krückstockschaltung	Krückstockschaltung
Getriebe	Dreigang	Viergang
Synchronisierung	nein	nein
Getriebeübersetzung 1. Gang	3,44	4,08
2. Gang	1,69	2,38
3. Gang	1,00	1,50
4. Gang	–	1,00
Antriebsübersetzung	5,8	4,93
FAHRWERK/KAROSSERIE		
	Kastenprofilrahmen	selbsttragende Bodenplattform
	Duroplast-Kunststoff-Karosserie in Schalenbauweise	Duroplast-Kunststoff-Karosserie mit Stahlblechgerippe
Radführung vorn	Querlenker, Querfeder	Einzelradaufhängung, Querfeder
Radführung hinten	Starrachse, Querfeder	Einzelradaufhängung, Querfeder Pendelachse mit Dreieckslenkern
Lenkung	Zahnstange	Zahnstange
Bremsen	Vier Trommelbremsen	Vier Trommelbremsen

[1] 1 mkg = 9,8067 Nm

	P 70 (1955 – 1959)	**P 50** (1957 – 1962)
MASSE UND GEWICHTE		
Radstand mm	2380	2020
Spurweite vorn mm	1190	1200
Spurweite hinten mm	1200	1240
Länge/Breite/Höhe	3740/1500/1480 (Coupé: 3740/1500/1400)	3361/1493/1460 (Kombi ab 1960: 3600/1493/1460)
Reifengröße	5,00-16	5,20-13
Wendekreis in m	10	10
Leergewicht kg	800 (Kombi: 830, Coupé: 875)	620
Zul. Gesamtgewicht kg	1150	950
Tankinhalt l	32	24
FAHRLEISTUNGEN (Werksangaben)		
max. Geschw. km/h	90	90
Verbrauch l auf 100 km	7	6

Abweichende Motordaten

P 50 (Trabant 500 1959 – 62) und **P 60** (Trabant 600 1962-64)

MOTORENTYP	P 50Z (1959)	P 50/1 (1959-1962)	P 60/61 (1962-1969)
Hubraum in ccm	499	499	594,5
Bohrung x Hub in mm	66x73	66x73	72x73
PS bei U/min	18/3750	20/3900	23/4000
max. Drehmoment	4,3	4,50	5,3
mkg bei U/min [1]	2750	2750	2800
Verdichtung	6,8:1	7,1:1	7,5:1

SCHMIERUNG			
Öl zu Kraftstoff	1:33	1:33	1:33
max. Geschw. km/h	95	95	100

Anmerkung: Trabant 500 ab 1962: Vollsynchronisiertes Getriebe, Lichtmaschine 6V/220W

[1] 1 mkg = 9,8067 Nm

	P 601 (1964 - 1990)	**1.1** (1990 - 1991)
MOTOR		
	Zweizylinder-Zweitakter mit Flachdrehschieber, luftgekühlt über Axialgebläse	Vierzylinder-Viertakter
Motorentyp	P 60/61	BM 820 (Lizenz VW)
Hubraum in ccm	594,5	1043
Bohrung x Hub in mm	72x73	75x59
PS bei U/min	23/4000	40/5300
max. Drehmoment	5,3	7,4
mkg bei U/min [1]	2800	3000
Verdichtung	7,6:1	9,5:1
Schmierung / Öl zu Kraftstoff	1:33	–
Ventile	–	hängend, 1 obenliegende Nockenwelle, Antrieb über Zahnriemen
Batterie	6V/56 Ah (ab 84: 12 V/38 Ah)	12V/44 Ah
Lichtmaschine	6V/220 W (ab 84: Drehstrom 42 A)	Drehstrom 53 A
Gemischaufbereitung	1 Flachstromvergaser	1 Fallstromvergaser
KRAFTÜBERTRAGUNG		
	Frontantrieb, Einscheibentrockenkupplung	
	Krückstockschaltung	Knüppelschaltung
Getriebe	Viergang	Viergang
Synchronisierung	ja	ja
Getriebeübersetzung 1. Gang	4,08	3,250
2. Gang	2,32	2,053
3. Gang	1,52	1,342
4. Gang	1,03	0,9950
Antriebsübersetzung	4,33	4,267

[1] 1 mkg = 9,8067 Nm

	P 601 (1964 – 1990)	**1.1** (1990 – 1991)
FAHRWERK/KAROSSERIE		
	selbsttragende Bodenplattform	
	Duroplast-Kunststoff-Karosserie mit Stahlblechgerippe	
Radführung vorn	Einzelradaufhängung, Querlenker, Querfeder	Einzelradaufhängung, McPherson-Federbeine, Schraubenfedern, Querlenker, Querstabilisator
Radführung hinten	Einzelradaufhängung, Pendelachse mit Dreieckslenkern, Querfeder, ab 1988: Schraubenfedern	Schräglenker, Schraubenfedern
Lenkung	Zahnstange	Zahnstange
Bremsen	Vier Trommelbremsen	Vorn Schreibenbremsen, hinten Trommelbremsen
MASSE UND GEWICHTE		
Radstand mm	2020	2020
Spurweite vorn mm	1211	1284
Spurweite hinten mm	1255	1255
Länge/Breite/Höhe	3555/1510/1437	3521/1528/1420
	(Universal: 3560/1510/1437	(Universal: 3516/1528/1420)
	Tramp: 3480/1506/1465)	Tramp: 3466/1524/1448)
Reifengröße	5,20-13	145 R 13
Wendekreis in m	10	10
Leergewicht kg	615 (Universal: 650, Tramp: 645)	700 (Universal: 740, Tramp: 730)
Zul. Gesamtgewicht kg	950 (Universal: 1040, Tramp: 1020)	1085 (Universal: 1125, Tramp: 1155)
Tankinhalt l	24 (ab 4/73: 26)	28
FAHRLEISTUNGEN (Werksangaben)		
max. Geschw. km/h	100	125
Verbrauch l auf 100 km	7	8

PRODUKTION	1955	1956	1957	1958	1959	1960	1961	1962	1963
P 70	2193	8095	10.893	11.466	3504				
P 50			50	1750	20.040	35.270	39.330	35.000	
- davon Kombi				10	216	2922	4250	4245	
P 60								10.300	53.410
- davon Kombi							1795	9517	
- Camping									801
- Lieferwagen									52
P 601									110

	1964	1965	1966	1967	1968	1969	1970	1971	1972
P 60	31.374	13.535							
- davon Kombi	10.988	13.535							
- Camping	999	959							
- Lieferwagen	17	16							
P 601	29.808	57.606	73.885	76.926	79.738	83.468	86.200	91.065	93.930
- davon Universal		1842	14.206	14.669	15.277	15.853	16.680	17.350	18.367
- Lieferwagen			368	218	330	221	295	95	50
- Kübelwagen			165	720	454	632	420	604	540

	1973	1974	1975	1976	1977	1978	1979	1980
P 601	98.632	102.816	105.107	108.460	109.629	112.235	115.027	118.436
- davon Universal	20.196	21.595	23.191	24.199	24.764	25.420	25.724	25.985
- Kübelwagen	467	586	548	434	434	475	527	360
	1981	**1982**	**1983**	**1984**	**1985**	**1986**	**1987**	**1988**
P 601	120.100	121.630	120.000	115.460	110.000	143.700	145.576	145.600
- davon Universal	25.983	25.896	26.072	26.859	27.285	27.431	27.521	28.425
- Kübelwagen	466	584	619	303	320	391	400	375
Trabant 1.1								150
- davon Universal								30

	1989	1990	1991
P 601	144.852	62.541	
- davon Universal	27.681	15.498	
- Kübelwagen	236	90	
Trabant 1.1	722	28.668	9672
- davon Universal	49	11.926	*
- davon Tramp		234	262

* Zahl liegt nicht vor

GESAMTPRODUKTION	
P 70:	36.151
P 50:	131.440
- davon Kombi:	11.643
P 60:	106.628
- davon Kombi:	35.835
- Camping:	2759
- Lieferwagen:	85
P 601:	2.818.547
- Kombi:	517.062
- Lieferwagen	1577
- Kübelwagen:	9982
Trabant 1.1:	39.474
- davon Tramp:	496
Trabant insgesamt:	3.096.099

NEUZULASSUNGEN BUNDESREPUBLIK DEUTSCHLAND:	
1961	28
1962	8
1963	6
1964	–
1965	200
1966	229
1967	151
1968	139
1969	83
Insgesamt:	844

Sehr praktisch und von Größe und Gewicht für den Trabant geeignet – der Camptourist CT 6-2 ist ein höchst beliebter Begleiter der Camping-Urlauber in der DDR – hier eine Prospektabbildung.

Quellen und Bildnachweise

Bücher:

Ihling, Horst: Autos aus Eisenach, Stuttgart, 1998

Kirchberg, Peter: Plaste, Blech und Planwirtschaft, Berlin, 2000.

Oswald, Werner: Kraftfahrzeuge der DDR, Stuttgart, 1975

Reichelt, Werner: Die Trabant-Legende, Rodewisch, 1997

Röcke, Matthias: Der Trabant, Königswinter, 1990

Rönicke, Frank: Trabant Legende auf Rädern, Stuttgart, 1998

Schiebert, Jürgen: Duroplast in Pastellfarben: Der Trabant, Berlin, 1997

Fischer Weltalmanach, verschiedene Ausgaben Frankfurt/Main, Chronik, verschiedene Ausgaben

Zeitschriften und Broschüren:

Der deutsche Straßenverkehr, Berlin (DDR), verschiedene Ausgaben

IFA Journal, Frankfurt/Main, verschiedene Ausgaben

Kraftfahrzeugtechnik (KFT), Berlin (DDR), verschiedene Ausgaben

Oldtimer Markt 3/93

Bilder:

Edgar Haschke, Zwickau

Reinhard Klein, Köln

Conrad Piepenburg/Autobild

Matthias Röcke, Sinzig

Heinz-Toni Sesterheim, Leimbach

Archiv Automobilmuseum Zwickau

Archiv Redaktion Kraftfahrzeugtechnik (KFT), Köln

Archiv Super-Trabi, Zwickau

Arge Himmelfürst – Architekten und Ingenieure

Bavaria-Film, München

Sammlung Dr. Winfried Sonntag, Zwickau

Pressefotos: Sachsenring Automobil AG (Zwickau), Volkswagen Sachsen GmbH (Zwickau), welcome tourist (Dresden).

Andere Unterlagen:

Sammlung Hans-Peter Magnus, Waldenbuch

Werksunterlagen VEB Sachsenring Automobilwerke Zwickau

IFA mobile·DDR